生活因阅读而精彩

生活因阅读而精彩

圆融

听南怀瑾讲人情世故

张超／著

时事出版社

图书在版编目(CIP)数据

圆融:听南怀瑾讲人情世故 / 张超著.—北京:
时事出版社,2014.1

ISBN 978-7-80232-644-6

Ⅰ.①圆…　Ⅱ.①张…　Ⅲ.①人生哲学-通俗读物
Ⅳ.①B821-49

中国版本图书馆 CIP 数据核字(2013)第207721 号

出 版 发 行:时事出版社
地　　　址:北京市海淀区巨山村 375 号
邮　　　编:100093
发 行 热 线:(010)82546061　82546062
读者服务部:(010)61157595
传　　　真:(010)82546050
电 子 邮 箱:shishichubanshe@sina.com
网　　　址:www.shishishe.com
印　　　刷:北京建泰印刷有限公司

开本:787×1092　1/16　印张:18　字数:240 千字
2014 年 1 月第 1 版　2016 年 2 月第 6 次印刷
定价:32.00 元
(如有印装质量问题,请与本社发行部联系调换)

前言

南怀瑾先生1917年生于浙江温州乐清。自幼接受传统私塾的严格教育，及至少年时期，已遍读诸子百家，兼及拳术、剑道等各种功夫。同时苦心研习文学书法、诗词曲赋、天文历法诸学，并深得其精要。

青年时代，正值抗战军兴。南怀瑾先生毅然辞亲远游，曾任教于中央军校，又入华西坝金陵大学，研究社会福利学，以其服务社会大众。其时，每逢假日闲暇，胤以芒鞋竹杖，遍历名山大川，寻访高僧奇士。复于青城山灵严寺，有缘结识名重一时的川北禅宗大师袁焕仙先生，遂拜门墙，竟毅然辞去中央军校教官之职，追随袁先生左右，潜心研修佛学。1943年入峨眉山大坪寺闭关修持，闭关3年间，遍阅《大藏经》万卷，印证个人修持所得，遂至终身受益无穷。1945年，远走康藏，参访密宗各派，得到贡嘎活佛等多位著名活佛、高僧的真传，佛法修持更为精湛，得到白教、黄教、红教、花教等各教派的印证，被承认为密宗上师。

现代社会，很多种压力围绕着现代人，他们无时无刻不生活在疲累之中。处世的艰难、人际的复杂、快乐的难得、挫折的频繁、自我的迷失、信仰的缺乏，使得“活着真累”这句话成了大多数人的口头禅。于是，想要生活得好一点、更好一点，便成为他们心中的梦想。

可是，想要生活得好一点，就必须要懂得多一点。这时候，我们就需要一位“老者”，为我们指点人生路上的陷阱与弯道；还需要一位“行者”，立足现实状况，为我们点拨为人处世的技巧与方法；更需要一位“智者”，穿透时空迷雾，为我们指引未来人生的方向。南怀瑾先生就是符合这一条件的一位“老者”、“行者”与“智者”。透过他的指点，你一定能够以全新的眼光审视身处的社会，同时还能够练就高明的手段和眼光。这样，你就会多几分机智与通达，少几许愚钝和迷惘。

南怀瑾先生出生于20世纪早期。他经历过抗日战争与国共战争；目睹了台湾由贫困到繁荣的巨变；几年旅美生活，更让他得以沐浴欧风美雨；定居香港，还让他亲睹了“东方之珠”回归的过程。这样一位饱经沧桑、历经世事百年变迁的老人，无论如何，是完全有资格给“迷路”的世人指点迷津的。

聆听智者的声音，在南怀瑾先生的指点下，相信大家会有大的收获！

目录

Contents

第一章

学习使人进步，思考让人升华

——听南怀瑾讲学习

做事先做人，万事勤为先

子曰：“我非生而知之者，好古，敏以求之者也。”这句话意思很简单，我们一看就懂了。如果以现在的话来说，就是孔子告诉学生或朋友们：我并不是生来的天才，是爱好传统，靠勤敏而求得的学问。……孔子在这里这样说，表示他的成就，都从力学而来。这是他说的谦虚的话，也是他说的老实的话。任何天才，不加上力学是没有用的，有很多人很聪明，但聪明的人往往不大肯力学，做学问不踏实，不能“敏以求之”，因此学问都是虚的。所以孔子这句话很明白地告诉我们，做学问、做人、做事的基本原则，要“好古，敏以求之者也”，不求就不行。

——南怀瑾

南怀瑾其实并没有受过很好的学校教育，他6岁时开蒙，开始接受私塾教育，主要读的是“四书五经”，后来插班到县小学读完了最后一年级的课。南怀瑾自己也说过，他一生连小学的文凭都没有得到，勉强能算一个小学肄业。不过，就算是这样，南怀瑾最终还是取得了成功，除了他本身天资聪明之外，更主要的是他的勤奋好学，他自己也说过，学习要“勤劳而精进”、“不力学没有用”。

南怀瑾在年轻的时候有一次闭关的经历，当时他大概只有25岁，他来到峨眉山的大坪寺闭关，在接下来的3年时间里，他独处幽室，和外界割断了一切联系，只是埋头苦读《大藏经》。

《大藏经》是汉文佛教经典的总称，又可以称为《藏经》、《一切经》，内容主要分为经、律、论三部分，其中包含了印度和中国的大部分佛教著述。这本书从南北朝时期开始编著，到唐朝的时候已经有了1076

部，5048 卷，以后逐渐有一些增补。面对这样一部鸿篇巨制，很多人都只能望书兴叹，因为很少有人能够将其读完，就算是一些颇有名气的法师也不见得读过这本书。南怀瑾闭关于大坪寺的时候，把整部《大藏经》从头到尾都读完了，当然，他的这次闭关也为他日后成为禅宗大师奠定了很好的基础。

并非只有研读《大藏经》，南怀瑾一生都非常勤奋，他非常喜欢读书，仅私人的藏书就有 27 万册。他从先秦开始直到民国的书基本都会拿来读一读，不管是经史子集、诗词曲赋、佛道经典、名人传记，还是世界经济、外国史地、哲学论著、各国政论、中西医药、当代科技，甚至连中外美术、音乐、武侠小说等都会认真阅读。不管是他读过的书，还是他的藏书都堪称是一座图书馆。

结合南怀瑾先生一生学习的经历，可以说明一个道理：只有勤奋才能够出天才。如果一个天资聪慧的人，而他懒惰成性，那么仍旧会变得不学无术；反之，如果一个人天资一般，而他却非常认真、勤奋，日积月累，其终究也会有所成就。

古诗云："书山有路勤为径，学海无涯苦作舟。"在现代社会中，社会中的每一个人尤其要学习，学习并不仅仅是学生或者学者的"专利"，所以更应该勤奋。我们要珍惜每一分钟、每一秒钟去认真学习、勤奋读书、刻苦钻研。

勤奋的习惯也能改变命运

越修越自在、越学越清醒、越修越勤奋，这样才是有修行。

——南怀瑾

我们该如何做到勤奋呢？我们来看一下勤奋的具体表现：

首先，勤学。

勤学是指在学习上要花时间，每个人的一天都是 24 小时，如果除了睡觉、休息和工作之外，将其他的大部分时间都用在学习上，那么这个人就可以说是一个勤学的人。

其次，好问。

在学习的过程中，肯定会遇到很多问题，有的问题我们可以通过自己钻研而得以解决，但是有的问题并不一定自己能够解决，所以在这种情况下需要不断去请教比自己懂的人。向别人请教并不是一件丢人的事情，别人也不会因为你的请教而耻笑你，反而人们会认为你是一个谦虚的人。

第三，乐读。

乐读就是要博览群书，不仅仅只是自己感兴趣的书、属于自己专业的书，还需要读各种各样的书，比如，经典文学名著、著名的哲学历史书籍、科学论著，等等，包括一些有意义的报纸杂志也可以认真拜读，这些都可以帮助我们获得大量的信息，能够扩大我们的知识面。

最后，善思。

古人说过："学贵有疑。"也就是说，在学习的过程中并不只是吸收，而且还要开动脑筋，要多问几个"为什么"，学会自己思考问题，敢于提出问题，只有认真思考才有发展的空间。

有这样一个故事，说能够登上金字塔顶峰的生物只有两种：一种是鹰，其可以依靠自己的天赋和超越其他动物的能力而登上塔尖、俯视万里；还有一种就是蜗牛，依靠着自己的勤奋，也攀登到了顶峰。其实我们大多数人更像蜗牛，我们的成功前提是建立在勤奋上的。如果缺少了勤奋的精神，就算是有很好的天赋，最终也会远离成功。

学与问要结合

> 立志宜思真品格，读书须尽苦功夫。读书是一种行为，读书是一件长久的事情。有人立志长大了要有所成就、有所贡献、有所作为，那么读书无疑是最快达到目的的捷径。读书是一件需要认真对待的事情。有人书读得少，知识面就窄，那么与他人谈起话来就没有了谈资。有人书读得多，与人交谈，那种学识和修养就显现无遗了，在别人心里就会留下一个很有学问的印象。
>
> ——南怀瑾

南怀瑾曾经讲到学问需要注意两方面的事情：一方面是要学，另一方面就是要问。南怀瑾主张人们多向比自己懂的人请教，多向他们学习，在接受别人经验的同时提高自己，其实这也是一种学问。

在这个世界上有很多人只是机械地接受知识，他们对接受到的知识不知道思考，就算是遇到了不懂的地方也只会闷在心里，这样虽然学到了很多东西，但是却不知道应用；也有一些人每天都有一大堆的想法，但是始终不愿意付诸于行动，只知道一个人闷头苦想。以上的两种学习都不可取。

人们的知识都有限，他们的所见和所想都是囿于一个范围或者领域，所以人们为了提高自己的学问，就需要不断学习，这也是求学的基本要求。在求学过程中最忌讳的就是不懂装懂，这样会让自己的知识面越来越窄。一个人所从事的行业中所有的知识都属于学问。在遇到问题的时候需要向别人不断请教，如果不懂装懂，只能让自己自食恶果。

学习是保持优秀的最好良方

学问需要懂得如何利用，将自己学到的知识用在自己的切身生活和工作中，这才是学习根本的目的。

——南怀瑾

南怀瑾曾经讲到很多较有天赋的人总是仗着自己的天赋而胡作非为，自认为自己已经很了不起了，但殊不知，他们只是井底的青蛙，需要学习的东西还有很多很多。古时候的“江郎才尽”就是一个典型的例子。人生如果想要成就一番大作为，就需要不断扩宽自己的知识面。

另外，南怀瑾还特别看重孔子的“学而不思则罔”的理念，他认为一个人就算是非常好学，也善于请教别人，但是如果不懂得将自己学到的知识加以利用，不去思考自己学到的知识，那么这样的学问和不学没有什么区别。学问需要懂得如何利用，将自己学到的知识用在自己的切身生活和工作中，这才是学习根本的目的。

唐朝著名诗人贾岛被称为“诗奴”，是著名的苦吟诗人，他就是一个为了诗中的一个字或者一个词而不惜耗费心血的人，据说贾岛为了写好一首诗曾经耗费了好几年的时间，他就是凭借着这股苦苦追求的精神，最终成为了一个了不起的诗人。

曾经有一次，贾岛骑着毛驴在长安街上行走，当时正是深秋时分，秋风一吹，树叶纷纷落了下来，贾岛被眼前的景色迷住了，于是他即兴吟了一句“落叶满长安”，但是他仔细一想，这句话更适合做下句，而现在自己还缺少一个上句，于是他就骑着驴子往前走，一边走一边想。就在这个时候对面来了一个官员，官员路过时总会有鸣锣开道的人，当时贾岛在专心思考自己的诗句，所以丝毫没有听到锣鼓声。对面来的这位官员是京兆尹，他看到贾岛闯了进来非常生气，就在这个时候，贾岛来了灵感，他大叫一声：“秋风生渭水。”京兆尹被这突如其来的变故吓了一大跳，他认为贾岛是一个疯子，所以派人将他抓了起来，在牢里关了一夜。虽然贾岛为此吃尽了苦头，但最终却吟成了《忆江上吴处士》这首名诗。

后来，骑着毛驴在大街上琢磨诗句已经成了贾岛的习惯。后来又有一次，贾岛作了一首诗，其中有一句不知道该用“敲”字好，还是“推”字好，于是他又在大街上骑着毛驴思考，这次他不小心闯进了韩愈的仪仗队伍。

韩愈比起前面那位京兆尹有涵养得多，他问了贾岛乱闯仪仗队伍的原因，贾岛就把自己琢磨诗句的事情讲给了他，韩愈听完之后哈哈大笑，于是他对贾岛说：“我认为‘敲’字比较好，因为如果门关着，那么‘推’怎么可以打开呢？而且按照你的诗说明你是晚上去的，我认为敲门显得更有礼貌一些。而且一个‘敲’字在夜深人静的时候增添了一些声音，静中有动，给人感觉多了一些活泼。”贾岛听完之后连连点头，很快韩愈和贾岛成为了很要好的朋友。

正是因为这个故事，“推敲”这个词语也成为了脍炙人口的常用词。贾岛的这种精神值得我们学习。其实很多学问都是从勤奋和经验中得来，我们可以从书本中学到很多知识，除此之外我们还可以从勤奋和经验中得到很多有用的知识。

要读书还要兼听天下

只有几个字“用其光”，看东西尽量少像探照灯一样直射出去，要收回来物的形象，把一切光芒的影像吸收到自己的眼神经里去，慢慢你的视力、脑力、聪明、智慧会恢复过来，这样才会“复归其明”。

——南怀瑾

子曰：“君子食无求饱，居无求安，敏于事而慎于言，就有道而正焉，可谓好学也已。”孔子说这些话的意思是，一个思想成熟的人可以吃不饱、住不好，但是一定要有一双敏锐的眼睛，能够发现那些应该被理解但是没有理解的史实、世事和自己的行为，成熟的人不会说废话和多余的话，更不能名不副实和自相矛盾，这才是真正的才学。

南怀瑾一再强调不要只读死书，而要注重现实生活中的做人处世。孔子也强调生活没有必要太奢侈，尤其是在一些较为艰苦的环境中，不要过分追求奢侈的生活。南怀瑾也讲到过“居安思危”，只要住的地方适当，能够生活就可以了，没有必要要求过分的安逸、没有必要贪图过分的享受。其实他们的意思无非是告诉人们应该更注重精神生活的升华。

南怀瑾强调“就有道而正焉”，这个地方的“道”就是学问和修养。学问越深的人，他的修养就越高。其实人只要读书深到一定的境界，学识也能够达到一定的程度，那么他的修养自然就会随之而提高。

很久以前的印度，有一个国王饲养了一头大象，这头大象力大无穷，而且非常凶悍，算是象群里最凶狠的大象了。在战场上，这头大象为国王打了很多胜仗，甚至有一些死刑犯，国王也会派它去踩踏囚犯直至其死亡。

有一次，大象的住所发生了火灾，象舍已经被烧得不成样子，国王只好将其搬到另外一个地方居住。大象的新住所在寺庙的附近，大象经常能够听到寺庙里沙弥的念经声，这些经文中有一句话经常会传到大象的耳朵里，这句话是："行善者超升天堂，作恶者下沉深渊。"

大象因为经常能够听到这句话，时间久了就被这句经文所感动，经过一段时间之后，它的性情发生了很大的变化，温和了很多，甚至生起了慈悲之心。

又有一天，国王命令这头大象去踩踏一个重刑犯，当罪犯被拖到大象的住所时，大象只是用鼻尖轻轻碰了一下这个犯人，然后就离开了。之后凡是需要大象惩罚的罪犯都是这样处理的。国王听说了这件事情之后非常生气，于是召集了很多人来咨询到底是什么原因。

这些人纷纷议论，其中一个老臣说："我认为，这头大象现在的住所旁边是寺庙，它大概是听到了寺庙里法师们所诵的经文而生出了慈悲之心吧。如果从现在开始把它安排在屠宰场附近住，那么它必定又会生出凶狠之心的。"

国王认为这个老臣的建议很有道理，于是就派人将这头大象的居所迁到了屠宰场的附近，每天这头大象看到的是斩杀、宰割的场面，慢慢地，这头大象恢复了以往残忍的本性，而且变得更加厉害。

其实人和大象一样，都需要不断听闻知识和道义，需要不断提高自己的人生修养。在学习的过程中，周围的环境非常重要。另外，人学习知识不能只看到书本，也不能偏离书本，要知道"尽信书，不如无书"。做学问的时候要懂得不断发问和触类旁通，这样自己的知识和修养才能够快速提高。

提升自我修养，方可体味高境界

> 人的一生，不管是求学还是读书，其目的都是为了充实自己。一个人在做学问的时候不应该忽略人品的修养，人品是一个人内在的本质和修养学识的体现，也是一个人综合素质的体现，所以人在追求学问的时候，更应该注重自己内在的修养。一个人内心的修养是很重要的。
>
> ——南怀瑾

东汉时期的羊祜出身官宦世家，是蔡邕的外孙，也是晋景帝司马师的献皇后的同母兄弟。羊祜的家世非常显赫，但是他始终保持着谦虚、清廉的做事态度，甚至连一点儿官宦人家的恶习都没有。

羊祜年轻的时候曾经被推举为上计吏，当地的州官也曾经4次推举他，但是他都谢绝了这些。很多人都拿颜回来比较羊祜。

在曹爽专权的时候，给予羊祜和王沈非常高的官职。王沈非常开心地劝羊祜和他一起去就职，但是羊祜却说："让我去侍奉别人，我实在做不到。"后来曹爽被人杀死，王沈也因为连带关系而被免职。王沈找到羊祜，对他说："我以前真的应该听你的话，要不然我就不会有今天了。"羊祜听完之后还是很淡定，并没有为此而沾沾自喜，他只是淡淡地说："这些并不是我事先想到的，只是凑巧而已。"

等到晋武帝司马炎称帝之后，羊祜因为有辅佐之功，所以被任命为中军将军，封为郡公，食邑三千户。对于这个封赏，羊祜还是坚持推辞不接受，而且对前朝有名望的王佑、贾充、裴秀等人都非常谦让。

时隔不久，羊祜又因为都督荆州诸军事的功劳，再次加官晋爵，地位与三公相同，但是他还是不接受，并且说：“我总共做官还不到十几年，现在居然有了这么显赫的地位，我为自己的地位感到战战兢兢，荣华富贵其实就是我的忧患，我现在有这么好的运气，应该戒骄戒躁。”他希望皇帝能够收回成命，但是皇帝并没有同意他的请求。

晋武帝咸宁三年，皇帝封羊祜为南城侯，羊祜依旧坚持不接受。因为羊祜每次得到晋升机会的时候，总是不愿意接受，所以他的名声很好，朝野之内很多人都对他非常崇敬。虽然羊祜掌握着国家的机要大权，但是他始终不愿意钻研权势，甚至会推荐一些有能力的人担任比自己职位更高的职位，而很多推荐者都不知道自己是被羊祜推荐的。

羊祜一生做事清廉简朴，不管自己的地位有多么高，他都过着最朴素的生活。就算是朝廷下发的俸禄，他都会全部拿来救济别人，或者赏赐给军士，他的家中没有多余的钱财。羊祜在临终的时候留下了遗言，他不让家人将他的官印放到灵柩中，他的这一遗言和当时他的侯爵级别不符合，但是晋武帝还是同意了他的要求。晋武帝当时下诏说：“羊祜是一个很谦让的人，现在他虽然离开了，但是他的品格还存在，他就像是古代的伯夷和叔齐，真的可以称之为贤人了，现在我会同意他的观点，以此表彰他的高尚美德。”

羊祜的人生非常成功，不管是高高在上的一国之主，还是普通的百姓，对他都非常敬佩。羊祜平生最注重的就是提高自己的修养，是我们后人学习的楷模。

南怀瑾讲到做学问的时候，讲过要将物质生活享受看得淡一些，要做到“居无求安”的境界，居住的地方只要合适就可以了，君子固守本分、安贫乐道，不需要追求物质享受，只有这样才能够追求到更高的学问。应该将追求物质享受的时间都拿出来放在追求学问上。

南怀瑾讲到人在面对责任时应该敏捷而迅速，遇到事情应该立马去做好，而不是拖拖拉拉。除此之外，“敏于事而慎于言”，君子做事还应该注意自己的言行，需要做的事情要义无反顾地去做，而不该做的事情要懂得远离，以免给自己带来麻烦；而对于一些话语，有的应该说、有的不应该说，要注意到这一点。

大多数人都是借助书本提高自己的学问和修养，但是读书和学问有着一定的区别。有些人读书比较死，只懂得墨守成规、因循守旧；但是有些人读书就比较灵活，他们可以触类旁通、点石成金。一个人要善于利用书本上的知识来提高自己的学识，然后将自己在书本中学到的知识用到实际生活中，这才是学问越高、修养越高的原因。

学问在做人和做事的诀窍里

学问跟知识没有任何的关系，哪怕一个字都不认识，也可能是有学问的人，因为做人好、做事好。不管是为人还是处世，都是绝对的好。这就是学问。

——南怀瑾

子夏曰："贤贤易色；事父母，能竭其力；事君，能致其身；与朋友交，言而有信。"

子夏是孔子的弟子，南怀瑾讲这些话的目的是为了表明学问为的不是文学，也不是为了知识，而是为了做人做事。

南怀瑾讲到人的一生都在追求功名利禄的享受，或许追求的是荣华富贵，或许是在追求学术造诣，但这些都要以读书为基础。所以，归根到底，读书的真正内涵就是做人和做事。而人生的修养都是由读书的深浅来决定的，所以我们就会发现在生活中经常会遇到那种胸无点墨却侃侃而谈的人，同时也会遇到有些人学富五车却做事非常低调坦然。

读书就是为了更好地为人处世，但是很多人会因为自己粗略读了一些书而感觉自己很了不起，书读得不多，但是却装作很内行，经常对别人的观点和事情品头论足，完全不理会自己的学问多少，所以会落得个不会做人的称号。

明朝万历年间有个官员叫马绍良，他是个年轻气盛的人，自认为学识广博、博学多才、满腹才华，就好像自己是明朝第一才子一样。他也经常为自己的才华而得意，总是在他人面前卖弄自己，所以得罪了很多人。慢慢地，皇帝对他的所作所为也有所了解。

有一天，皇帝将马绍良召进后殿，和他聊了一些朝政之事后，就拿出一首诗给他看，还说："朕听闻爱卿才学出众、满腹经纶，那你看看这首诗写得怎么样?"

马绍良并不知道这首诗是皇帝写的，以为是官内哪个人的小作，于是草草看了一眼，只看到有这样两句："明月上竿叫，黄犬宿花蕊。"他看到之后就不假思索地说："这首诗写得一点都不通，明月怎么会在竿上叫？黄犬怎么可能睡在花蕊中呢？这些是基本的生活常识，他怎么可以弄错了呢?"

皇帝听完马绍良的话之后，不露声色地说："那么，爱卿认为这首诗应该怎么改呢?"

马绍良略微思考了一会儿之后说："应该改成'明月上竿照，黄犬宿花荫'，这样的改动比较切合生活实际。"

皇帝听完之后只是微微笑了笑，然后对他说："朕认为爱卿的才学还需要提高，并不是传闻中的学识渊博，更不懂得做人的道理，我看你还是不要留在京城做官吧。"说完之后，皇帝下了一道圣旨，马绍良被连贬三级，发配到福建漳州做太守去了。

马绍良感到非常晦气，认为是皇帝有意刁难自己，于是心中非常不服气，但是又不敢违抗圣旨，于是只好带着自己的家眷去福建漳州上任去了。

马绍良到福建漳州之后，有一天路过闽南的一座山岭，他在休息的时候看到了山道旁大片大片的野花，于是他就随手折了一枝花，然后拿在手里嗅着，就在他低头看的时候，发现花蕊中有一个黄绒绒的小虫子在蠕动，于是就叫来身边的轿夫说：“这个虫子叫什么名字?”

轿夫看了一眼说：“这种虫子是本地特有的虫子，它的名字也很奇怪，叫黄犬虫，这种虫子最喜欢钻在花蕊中，平时不仔细看根本看不到。”马绍良听完轿夫的这段话，方才明白皇帝让他看的那首诗的意思，于是惊得目瞪口呆，半天都没有说出话来。

眼看着天就黑了，马绍良因为虫子的事情变得心事重重，无心赶路，于是在路边找了一个小店住了下来。住下之后他就想起了白天的事情，久久不能入睡，于是他就走到窗口边赏月，当时他只看到窗边有一轮明月，还听到了悦耳的鸟叫声，于是他找来店主，然后问他：“你知道现在啼叫的这种鸟叫什么名字吗?”店主回答说：“这种鸟儿叫明月鸟，因为其只有在半夜的时候才会鸣叫，所以人们都叫它‘明月鸟’。”

马绍良听完店主的话之后，方才感觉羞愧万分，也明白了皇帝为什么贬他到福建漳州来做官了，皇帝并不是有意刁难他，而是希望他能够在生活中看到这些东西，然后自己有所领悟，改变自己以往的态度。

后来年逾古稀的马绍良辞官回乡，他对自己年轻时的狂妄浅薄非常后悔，于是经常给身边的人说：“如果读书不够多，就不会懂得很多道理。我不但书没有读好，就连做人也有问题。我年轻的时候妄自菲薄，总是不懂得谦虚谨慎，真的是非常后悔啊。”

读书是为了更好地做人、做事。如果书没有读好没有关系，但是千万不能目中无人。一个人如果不懂装懂就会将事情做得一塌糊涂，如果还认为自己能力出众，那么真的是非常失败的事情。南怀瑾曾经说过，读书不要死学知识，而是要懂得为人处世的道理。

南怀瑾就很尊崇子夏的那些话，他认为这些话并不是在讲文学修养，不是在讲知识的多寡，而是在说明知识对为人处世的好处。一个人在追求学问的同时还应该更注重个人修养的提高。

善于学习别人的闪光点

> 孔子对于中国文化可谓样样精通，如果问他的老师是哪一位，那是没有的，谁有长处，他就跟谁学，所以无常师，没有认定跟一个人学。哪一门有所长，他就学哪一门。
>
> ——南怀瑾

孔子说："三人行，必有我师焉，择其善者而从之，其不善者而改之。"这些话听起来很平淡，但其实做起来有很大的难度。比如我们在现实生活中如果真的看见了别人的长处，但在真正意义上从心底里接受，是非常不容易做到的。

南怀瑾跟从过好几个老师学习知识，袁焕仙、李宗吾等人都曾经教授过他知识。他甚至还请教过在当时与梁漱溟等人齐名的儒家学者马一浮先生，认真听取了他的教诲。

除了上面讲到的几位老师之外，在南怀瑾晚年的时候，他还请教过一位"一句师"。

在 1992 年的时候，金温铁道公司刚刚成立，于是南怀瑾写了一封贺电，并且将这封贺电的草稿传真给一家出版社的编辑练性乾看。练性乾的年纪比南怀瑾要小20多岁，因为两人是同乡，所以在工作和生活中经常有一些往来。练性乾对国内的情况比较了解，于是南怀瑾将这封贺电发给他看一看，以期得到修改意见。

练性乾认为自己没有修改南怀瑾文章的资格，但是他想起了大学时一个老师的一句话："任何人的文章都可以拿来修改。"于是他就鼓起勇气对这份传真过来的贺电进行了一点修改。比如，原文中有一句："富有更容易使人堕落造孽。"于是他改成了"富有如失去理想，更容易使人堕落造孽"。因为他认为原文的语气稍微重了一些，根据当时的整体情况，社会肯定是要走向富有的，这也是大家苦苦追求的生活；而且南怀瑾身边有很多学生都是富有之人，不乏百万富翁、千万富翁、亿万富翁，这些人跟随他学习知识，虽然没有什么大成就，但至少没有堕落，所以他就这样改了。

练性乾将传真发了回去，南怀瑾看到修改后的地方之后说："改得好。"

那个时候，练性乾和南怀瑾虽然偶有联系，但是从来没有见过面，他只是认为这句话是南怀瑾的客气之语，并没有在意。但是南怀瑾却将此看得非常重要，他是抱着虚心的态度学习的。

中国古代有个著名的"一字师"的故事，南怀瑾就此给自己认了一个"一句师"。虽然南怀瑾的这个"一句师"比他年轻，资历也比他浅，但是作为名满天下的大师却非常重视这个老师。南怀瑾正是用自己的行动来证明"学无常师"的道理。

随时学习让你成长更快

走到任何地方都可以是自己的课堂，随时都可以扮演成学生的角色。请抛开“我现在很忙，没有学习的时间”的借口。

——南怀瑾

孔子说：“三人行，必有我师。”

南怀瑾用自己的行动证明了这句话。每个人都可以成为我们的老师，可能他在很多地方不如自己，但起码有一点或者有一个方面是值得我们学习的。比自己强的人可以成为自己的老师，不如自己的人也可以成为自己的老师。只有懂得了“学无常师”的道理，才能够集众家之长。在生活和工作中不妨向身边的人学习学习，这些人可能是你的上司、同事，也可能是你的客户、朋友。

第一，在工作和生活中需要向自己的上司学习

将自己的上司当成自己的老师，向他学习并不仅仅只是因为对方是你的上司，而是因为对方身上的优秀之处。他之所以能够成为你的上司，肯定有值得别人学习和借鉴的地方。如果能够随时随地向他请教，那么做事情就会更加完善。所以跟从自己的上司学习，是获得能力和知识很好的一种方法。

第二，在工作和生活中需要向自己的同事学习

向同事学习也是一种进步最快的方式。因为同事是自己接触最多的一类人之一，你可以跟同事学到一些自己没有掌握的技能和知识，所谓“艺多不压身”，向他们学得越多，那么对我们未来的帮助也就越大。当然，这种学习不仅仅只是技能方面的，也可以是做事的风格、办事效率、条理心、果断做事的风格，甚至兴趣爱好，等等，这些都是值得我们学习的地方。在学习的过程中还能够不断加深双方的友谊。

第三，在工作和生活中需要向自己的朋友学习

美国的思想家、文学家爱默生见到朋友的第一句话总是：“自从我们上次见面之后，你又搞懂了什么东西?”不要小看这句玩笑话，其中包含了很大的学习态度。向自己的朋友请教无疑是最为轻松愉快的事情，每个朋友身上总会有自己不明白的知识，在和他们聊天的过程中就可以轻松获得这方面的知识。另外，从兴趣相投的朋友身上多多少少可以看到自己的一些影子，我们不妨以朋友为镜子，发现并发挥自己的优点，改正自己的缺点。

第四，在工作和生活中需要向比自己地位低的人学习

在我们的生活和工作中，必然存在一些学识和地位不如自己的人，虽然他们此时不如你，但是他们绝对有值得我们学习的地方，那么我们就需要放大他们的优点，学习他们的长处。其实向这样的人学习要比在书本上认真读书更能获得知识，因为他们有生活的经验和失败的教训。

第五，在工作和生活中还需要不断向自己学习

向自己学习并不是自高自大，而是向自己以往的经历学习。也许自己曾经经历过成功，那么就要总结自己的成功经验；如果自己曾经经历过失败，那么就要在自己的失败中汲取教训。在我们生活和工作中的所有经历都可以积累下来，这些都是自己学习的宝贵经验。万物都有学问，只要明白了这个道理，面对事情的时候，我们就可以更加从容，也会更有决心去面对。

在生活和工作中的每一个人都可以成为自己的朋友。所以要记住，任何地方都可以是自己的课堂，随时都可以扮演学生的角色。请抛开“我现在很忙，没有学习的时间”的借口。

学习要善于思考

> 讲到学问，就须涉及两件事：一是要学，二是要问。多向人家请教，多向人家学习，接受前人的经验，从他人的经验中得来的，便是学问。但“学而不思则罔”，有些人有学问，可是没有智慧的思想，那么就是迂阔疏远，变成了不切实际的“罔”了，没有用处。有学识，但没有真思想，这就是不切实际的“罔”了。相反地，有些人“思而不学则殆”，他们有思想，有才华，但没有经过学问的踏实锻炼，那也是非常危险的。许多人往往倚仗天才而胡作非为，自己误以为那便是创作，结果陷于害已害人。
>
> ——南怀瑾

在成都时，南怀瑾和宿儒梁子彦成为了忘年交，他们经常在一起探讨学问。

有一次，他们两个人谈论起了关于《大学》的话题，《大学》一向被认为是“大人之学”，是教会人们怎么做“大人”的。于是南怀瑾说：“《大学》是从《乾卦·文言》引申而来的发挥；《中庸》是从《乾卦·文言》引申而来的阐扬。《乾卦·文言》说：‘君子黄中通理，正位居体，关在其中，而畅于四肢，发于事业，美之至也。’”

梁子彦先生说：“你的见解，我以前还真没有听说过，按照你的说法，那么‘大人’就很难有了。”

南怀瑾说：“不然，宋儒们不就主张人人都可以做尧舜禹吗？那么岂不都是‘大人’了？”

梁子彦先生并不这么认为，但是又没有办法反驳，于是他说：“那么，你达到了‘大人’的修养了吗?”

南怀瑾说：“我当然达到了，而且你梁子彦也达到了。”

梁子彦对此很不解，希望南怀瑾能够解释一下。

于是，南怀瑾说：“‘夫大人者，与天地合其德’，在我眼里，天地从来没有颠倒过，上面是天，脚下踩的是地，这一点从来没有改变过；‘与日月合其明’，我也没有颠倒过昼夜；‘与四时合其序’，我也没有做过夏天穿棉袍、冬天穿单丝的事，春暖夏凉，这些我都非常清楚。我自始至终都很遵循自然规律。”

听了南怀瑾的这一番话之后，梁子彦先生离开了座位，然后抓住南怀瑾的肩膀，说：“我现在已经有60岁了，平生是第一次听到这么高的见地，按照你的说法，其实圣人就是一个普通人，我今天实在太高兴了。”

到了后来，梁子彦先生逢人就夸南怀瑾善于学习，并且见识高明。

世界上有两种糊涂虫：一种是学而不思的人；一种是思而不学的人。大师南怀瑾认为“学而不思”的人可以成为一个学者、可以去教书，其实只要他们认真钻研，还是可以有一些小作为的。但是如果他们不够认真，或许什么都不会得到，因为他们不会思考，不懂得举一反三，一旦环境发生了变化，原来的知识就派不上用场了。而那些“思而不学”的人危害则就更大了，他们往往自以为是，满脑子都是对事情和别人的偏见，每天都觉得事情不够公平，存有这种观念，肯定会说错话、做错事，最终的结果只能是害人害己。

学与思是紧密相连的

"拿得功夫以腿真"。修行人打坐，常常是腿痛和痒，要提醒修行的人，不要停留在感觉上，生命很短暂，要抓住修行的重点。

——南怀瑾

学习和思考两者应该统一，不能割裂。只有这样，才能够获得真知，其实我们可以借鉴古人的"博学之，审问之，慎思之，明辨之，笃行之"来做事。

首先，博学之。

我们应该多看一些书，不管是所谓的工科书还是理科书。将这些知识都存在我们的大脑里，那么以后在生活中遇到了问题，就不至于迷惑。这样可以有利于激发我们的灵感、拓展我们的思维。很多人读书要么只看文艺作品，要么只看和自己的专业有关的书，这样眼界和思路就受到了局限，不利于思维的发展。就像吃饭挑食一样，难免出现营养不良的情况。所以我们在学习的过程中不要拘于一端，要懂得广泛阅读。

其次，审问之。

遇到事情多问几个"为什么"，然后再努力去找答案，这样就可以激发我们的学习兴趣，对我们的智力增长也有很大的帮助。比如当出现一个事情的时候，我们不仅要搞清楚"是什么"，还要搞清楚"为什么"、"谁"、"哪里"、"何时"、"怎么做"等一系列的问题，这样我们就会拥有学习和研究的目标。

第三，明辨之。

同样的一件事情，因为观察的角度不同，所以得到的结论也会有出入。

面对大众化的观点，我们还需要仔细分辨，然后找到自己认为是对的观点。比如有些营养学家说，喝牛奶可以补钙，因为牛奶中钙的含量非常高；但是有些营养专家讲到，喝牛奶不但不能帮助我们补钙，反而会让体内的钙物质流失，因为牛奶中的蛋白质含量较高，会让我们的体制偏酸，这样就会使钙流失。其实这个时候我们应该根据我们自身的情况出发，去分辨到底哪种观点适合于自己。

第四，慎思之。

在学习的过程中不要只知道被动地接受别人的观点，还要积极思考。任何事情都要考虑清楚其中的原因，考虑清楚事情发展的背景、解决的办法，等等。很多事情的真相都隐藏在背后，如果只是凭借着自己的观点草率去行事，那么肯定会出差错。

最后，笃行之。

一旦想到了一个好的观点，或者想到了某个好的办法，最好立马拿去实践。当然，这里讲到的实践并不仅仅指遇到任何事情就要去做一下。比如，人们都知道毒品的危害性，但是有人偏偏想知道它的危害性到底有多大，所以以身试毒，这种做法就不可取。我们可以通过了解关于毒品的知识、到戒毒所进行采访等方式了解到毒品的危害。这也是“笃行之”。

其实，学习和思考是相辅相成的，学习中需要不断思考，而思考之后要付诸学习。两者的关系有点像鸡和蛋的关系，两者是割裂不开的。没有任何思考的学习只能算作是背诵；而没有学习的思考容易生出偏见。所以求学的过程中不但需要学习，还需要思考，这样才能够获得真知。

兼收并蓄让你走的更远

> 讲到人生修养，一个大丈夫，不管哪门学问，都要能入乎其内、出乎其外，不要被它困住了。因此，反过来讲，对于下棋、打牌，等等，能入乎其内，出乎其外，不被它困住的，不能不算是学问。如困住了的话，就变成了“致远恐泥”(在小路上如果走得太远恐怕就会有泥泞)。
>
> ——南怀瑾

南怀瑾号称“经纶三大教”。此话不假，南怀瑾对儒、释、道三门学问都非常精通，而且对这三家都非常推崇。他曾经说过：“对于这三家，我认为，儒家就像是粮食店，一定不能打，要不然我们不但会没有饭吃，而且会丧失精神食粮；佛家就好比是百货店，尤其像大都市的百货公司，各式各样的日用品都有，琳琅满目，随时都可以去逛一逛，有钱的话还可以买一些商品带回来，没有钱也可以进去逛一逛，也没有人阻拦你；道家则像是药店，如果不生病的话，一生都可以不用去理它，但是一旦生病了就需要主动上门了。”

南怀瑾这种对儒家、佛教和道教的既深刻又新颖的认识除非是对这三门学问有很深入的了解，要不然怎么可以做到这么了解？

也正是因为这个原因，很多人都将南怀瑾称之为“儒、释、道大师”，但是他自己则对这个称号不认同，他笑着说：“这些都是别人乱讲的，该学习的地方还很多。”接着他又对这三家提出了一些属于自己的评价，他说：“儒家人品很好，但就是胆子小了一点；道家人品也很好，但就是喜欢捣乱；佛家同样人品好，但是什么都不干。” 南怀瑾对这三家的这种评价同样深刻而又独特。所以他一直强调自己是“亦儒、亦释、亦道”，又是“非儒、非释、非道”。

南怀瑾虽然被称为“经纶三大教”，但始终不承认自己属于任意一教；虽然精通和推崇儒、释、道，但是总是不以为然。南怀瑾先生这种“亦儒、亦释、亦道”而又“非儒、非释、非道”的奇特的学者身份，也正是自己不被流派所束缚的原因。他可以不拘泥于任意一家的学问，只是汲取三家的所长，然后自如应用。

其实，做学问就应该像南怀瑾这样，不被任何形式的知识所局限住，要懂得灵活学习、要通融，要有开放性思维，也就是说学习没有界限。如果将这些用到我们的生活中，就会发现我们有一个广阔的学习天地。

首先，学习不要受专业的限制。

很多人的观念中，总是有一个“专业对口”的观念，就好像自己学了什么就只能做什么一样。比如，有些人在学校读的某专业、某技艺，那么在确定自己的事业的时候，就将视点放在相关的工作中。就算这项专业并不是自己擅长的，这个行当也不是自己感兴趣的，但还是因为观念的原因深困于此。其实世界上的任何事情都有联系，专业之间总是有相通的地方，所以选择学习什么并不是很重要，重要的是如何把握之后的人生。就比如南怀瑾先生，不管是儒学也好，佛学也好，包括道教也罢，他都可以接受，他认为只要能够救世济人，就可以保持开放的胸怀。

其次，学习不要忽略那些小知识、小技巧。

在学习的过程中如果打破了所谓的“门户”、“流派”，那么学问之间就没有了高低贵贱的区分。只要能够服务于自己的人生目标，都可以拿来一用。南怀瑾先生认为，人生中遇到的学问非常多，虽然下棋、写字、作诗、刻图章，甚至于打牌，这些都是些小学问，但是对我们的人生还是有一定的帮助，我们不妨学习，或许关键的时候能够用到。

所以，为了达到我们的目标，就不要轻视任何技术和专业，当然也不能迷恋于任何技术和专业。这其实就是所谓的“入乎其内，出乎其外”。凡是对我们的目标有帮助的技术和专业，我们都不妨一学。

南怀瑾始终在劝导学者们，不要被学问困住手脚，这样才能够在求学的道路上发现更为广阔的空间。如果能够达到这一点，那么天下的学问都可以成为我们学习的对象，学习也就变得无处不在了。

第二章

低调做人，高调做事

——听南怀瑾讲处事

做事情要顺其自然

儒家所讲的圣人是“处天地之和”，不修道、不做功夫，生活于自然之间。“从八风之理”，注意冷暖气候的调整、注意卫生及个人身体的环境保养。“适嗜欲于世俗之间”，一样的喝酒、吃饭、吃肉，还有嗜好。但是有个条件，心理上没有仇恨之人、不发脾气、没有恼怒，绝对没有嗔恨的心理。在佛学里说就是有“慈悲心”，有爱人之心。“行不欲离于世，被服章。”所以也不出家，同普通人一样穿衣、吃饭。“举不欲观于俗”，但是他们的行为略有不同，不像普通社会一般人，拼命去赚钱，拼命去做官，他们都避开了。

“外不劳形于事”，尽量做到生活恬淡、清静。“内无思想之患”，不但没有仇恨、怨尤的心理，他们的思想是非常宁静专一的。“以恬愉为务”，每天都是快乐的，人生是乐观的。

——南怀瑾

现代社会中有很多人缺乏基本的常识和知识，虽然很多人认为他们过得也很不错，其实他们的无知终究无法掩盖，终究会暴露出来。所以南怀瑾先生一直强调一个人应该更多地将精力放在学习文化知识上。人们应该多看书，多懂得一些道理，这样我们现在的生活会好起来，而且之后的成功也会向我们招手。

而在读书和学习的过程中，南怀瑾先生认为同样要注意方式和方法，一味苦读不可取，“两耳不闻窗外事，一心只读圣贤书”的时代已经过去了，我们在读书的过程中要讲究方法，要懂得多向别人请教，也要懂得多去思考，然后不断提高自己。

南怀瑾先生所谓的“处天地之和，不修道、不做功夫，生活于自然之间”

其实就是在提倡做事情要顺其自然，但是如何做才算是顺其自然呢？我们来一起看一个小故事。

三伏天的时候，禅院的草地上枯黄了一片，一个小沙弥说："师父，赶紧给我们禅院撒些草的种子吧，这样多难看。"

师父则非常淡定地说："不要着急，等天凉了再说。"然后还意味深长地说："随时。"

中秋的时候，师父从外边买来了一包草的种子，然后让小沙弥去播种，但是当时起风了，小沙弥撒的草种都被风吹走了。小沙弥喊道："师父，草种子都被风吹走了，怎么办?"

师父则说："没有关系，被风吹走的种子多半是空的，就算是撒下去也不会发芽。"然后说："随性。"等到小沙弥撒完种子之后来了很多小鸟，小沙弥又非常着急地说："草种都被小鸟吃完了。"

师父则说："没有关系，草种非常多，小鸟根本吃不完。"然后师父说："随遇。"

到了这天半夜下了一场大雨，早上小沙弥起来，跑到禅房对师父说："师父，很多草种都被雨水冲走了。"

师父则说："没关系，冲到什么地方都可以发芽。"然后师父说："随缘。"

过了一段时间，一些清翠的小草苗全部长了出来，就算是之前没有撒草种的地方也长出了一些小草苗，小沙弥非常高兴，拍着手叫道："太好了，太好了。"

师父则点点头说："随喜。"

其实故事中的禅师就是一个懂得顺其自然的人。任何事情都不要强求、不要刻意去做，而是要做到随时、随性、随遇、随缘、随喜，这些就是顺其自然的关键。当然，顺其自然并不是让人们消极等待，也不是让人们接受命运的安排。其实顺其自然是一种心境，是一种面对现实的超脱和平静。顺其自然的人能够得到心灵上的安宁，他们可以不被外界所打扰。我们要做到顺其自然，然后积极调整自己的心情。

一个人如果能够保持一种顺其自然的心态，那么就可以迎来美好的生活。

从前，世界建筑大师格罗培斯设计了迪士尼乐园，经过3年的精心施工之后，终于要对外开放了。但是此时各个景点之间的路线还没有确定下来，于是施工部给正在法国参加庆典的格罗培斯打了电话，希望他能够尽快定稿，这样迪士尼才能正式竣工。

格罗培斯从事建筑方面已经有40多年了，有着充足的工作经验，而且他还是美国哈佛大学建筑学院的院长、现代主义大师和景观建筑方面的专家，在全世界各国有他70多处精美的杰作。但是这一次，这个路径的设计让他伤透了脑筋，他对这个路径做了50多次的修改，他都没有得到满意的方案。

在接到电话之后，格罗培斯非常急躁，等到巴黎的庆典一结束，他就让自己的司机带着自己去了地中海海滨，他想整理一下自己的思路，然后尽早定下方案。

格罗培斯的汽车在法国南部的乡间小路上奔驰着，这儿是著名的葡萄园区，到处都是居民们栽种的葡萄。当时很多葡萄园主将葡萄摘下来，然后提到路边，向过往的车辆吆喝，但是很少有车子会停下来。

等到格罗培斯的车子拐入一个小山谷的时候，却发现那儿停满了车，原来这个地方是一个无人葡萄园区，过往的行人只要在路旁的一个小箱子里投入5法郎，那么他就可以摘一整篮的葡萄上路。据说，这个葡萄园是一个老太太的，她因为年迈体衰，所以想出了这样一个办法。刚开始，她的葡萄总是卖不出去，但是现在她却是卖得最快的人。这位老太太的这种让人们自由选择的做法让格罗培斯大受启发，于是他立即调转车头回了巴黎。

等格罗培斯回到住处之后，他就给施工部拍了一份电报，上面写道：“撒上草种，提前开放。”

施工部按照格罗培斯的要求开始在迪士尼乐园里撒种子。没有过多久，小草都长出来了，整个乐园都被小草覆盖了，在迪士尼乐园开放前的半年时间里，草地上被踩出了很多小径，这些路有的宽，有的窄，显得非常自然和优雅。第二年，格罗培斯让施工部门在被人们踩出的小径上铺设了人行道。

而就在1971年的时候，迪士尼乐园的路径设计被伦敦国际园林建筑艺术研讨会评为“世界最佳设计”。

其实，格罗培斯的做法就是一种顺其自然的做法。在自然界中，每一个人都是独立的个体，同时他们又都是一个群体，当个体和群体的利益发生冲突的时候，那么我们还不如顺其自然，这其实是最聪明的选择。其实这样做了就会发现我们的心灵减轻了很多负担，而这就会让人们快乐起来。那些江河在奔入大海的时候从来都不会选择自己的路线，但是这却造就了最美丽的曲线，这就是顺其自然的力量。做人也是这样，我们要顺其自然，要让我们的心灵得到最大程度的放松。顺其自然是一门最为高超的处世学问。

克制欲望你将收获更多

要真正地天下太平，每一个人都自动自发地要求自己，人人自治，正己而后正人，而不是要求别人。这样才起作用，“确乎能其事者而已矣!”就是很实在。做任何一件事情，的的确确能做到认真去做就好了，吃饭，就规规矩矩吃饭；穿衣，就规规矩矩穿衣服，换一句话讲，就是没有那么多花样。人类的智慧学识越高、花样越多，人越靠不住了。

——南怀瑾

其实在顺其自然上，我们最应该注意的是克制我们的欲望。其实那些生活艰辛的人都在给自己做加法，金钱、权力和人际关系，他们都不愿意舍弃，他们在这样的人生中忙忙碌碌，这样不仅让自己辛苦，也让自己的心灵受累；而那些活得精彩的人其实都在给自己的人生做减法。《菜根谭》中说：“人生减省一分，便超脱一分。”人生犹如一段旅程，尽量给自己的人生多做减法。只有这样我们才能够摆脱尘世间的羁绊，人们的心灵也才能够获得自由。

在遇到问题的时候如果操之过急，只能让事情变得更糟糕，我们要懂得按照事情的客观规律去办事，看到事物发展的规律，然后积极发挥自己的主观能动性，然后去做事情。这样事情不但能够顺利做完，而且会收到意外的效果。

曾经有3只毛毛虫想要过河去采花蜜，其中一只说：“我们要找到一座桥，然后我们从桥上爬过去。”而另一只则说：“我们还是赶紧造一条船，然后从水上漂过去吧。”最后一只说：“我们现在已经很疲惫了，还不如在这里休息几天。”另外两只都对它的提议很诧异，它们异口同声地说：“这简直是笑话，你没有看到对面的花蜜都快被吃完了吗？”说完之后，它们就各自忙碌了起来，而第三只毛毛虫则爬到一棵树上，在一片大叶子上睡着了。

这只毛毛虫不知道睡了多久，等它醒来的时候，它发现自己已经变成了一只美丽的蝴蝶，它轻轻扇动了几下自己的翅膀就过河了，它在河这边看到了很多香甜的花蜜，这个时候它想到了自己的两个伙伴，但是它却发现自己的两个伙伴，一个已经累死了，而另一只则被河水淹死了。

顺其自然其实就是按照自然规律办事的同时发挥自己的主观能动性，通过自己的努力去改变自己的困境，在机遇来临的时候要抓住它，不要让机遇和自己擦肩而过。

把实际的行动摆在言论的前面，不要光吹牛而不做。先做，用不着你说，做完了，大家都会跟从你、顺从你。古今中外，人类的心理都是一样的，多半爱吹牛，很少见诸事实；理想非常高，但在行动上做出来就很难。所以，孔子说，真正的君子，是要少说空话，多做实在的事情。

实干胜过一万次的空说

只有把理论应用于实干的人,才是真正的有才能、会有大发展的人。

——南怀瑾

南怀瑾不仅是一个书生，还是一个实干家。在他的一生中做了很多事情：他写书积极传播文化，教育后人；他和政府合作共建公共设施，金温铁路就是其中的代表；他还积极倡导“儿童读经活动”，以使中国文化不会断层；为了祖国的统一，他还奔走于海峡两岸……他总是用自己的实际行动来诠释心中的理念。南怀瑾是一个说少做多的人，他从来不停留在口号上，可以说是一个真正的“行者”。就像一句谚语说的：“如果你只是停在纸面上，那么世界上再完美、再可行的哲学理念也无法行得通。”

如果想要获得成功，就需要多做一些事情，而且脚踏实地，从最基本的小事做起。没有人不想获得成功，但是成功之前一定要付出努力。大部分人的成功都源自于自己的实干和自己理想的结合，他们愿意去行动，他们一步一个脚印，成功属于这些人。

曾经有一个大学生，在南怀瑾这里半工半读。他最主要的工作就是保持办公室的整洁。有一次，这位大学生清洗了两个玻璃杯，然后将它们拿给南怀瑾看，他很自信，认为这两个杯子肯定能够得到南怀瑾的肯定。但是南怀瑾看到之后笑了笑，然后举起杯子对着光指给这位学生看，对着窗户的光，这位大学生看到杯子的边缘上隐隐约约还留着一个唇印。这位大学生看到之后非常惭愧。

接下来，南怀瑾先生亲自教这个大学生洗杯子，并且非常和蔼地对他说：“你应该在家里很少做家务吧？不要小看了洗杯子这种小事，其实关系非常大。每天都有人对着杯子喝水，如果前面一个人喝过水之后没有洗干净，那么后面一个人饮用岂不是很不卫生？而且洗杯子其实代表了我们做事情的态度，必定要洗得很干净才行。在我这里工作可一点都不能马虎啊，每一件小事都要做到认认真真。”

南怀瑾是一个真正意义上的行动派，他从来不到处宣扬自己的成就，也不宣扬自己的贡献。他总是很认真地干好所有事情，所以也得到了整个社会的尊重。

行动其实很简单，就是少说空话多做实事。如果只知道喊口号，整天谋划着自己如何有所成就，而不知道付诸行动，那么自己的理想和目标永远也不会实现。反之，如果任何事情能够积极行动，那么就算是再难的事情也会变得容易。

其实，如果我们真的决定要行动了，就不要做太多的计划和准备工作。有时候人们之所以一直没有对一件事情有所行动，就是因为自己的准备工作太过于细致了。在做事情之前有必要去做一些准备工作，这样我们就可以轻松应对突发事件，但是如果迟迟不肯行动而只是停留在准备工作上，那么这就是浪费时间。实际上，不管你的计划有多么细致，仍然有可能超出你预料之外的事情发生，事情总是充满着变数，所以准备工作做做就行了，不要只是停留在准备工作上。

很多人因为对未来的恐惧，所以一些缺乏行动力的人总是喜欢维持原状，而拒绝改变。所以我们在做事情上要克服自己的惰性，维持现状是一种具有自我毁灭效果的坏习惯，所以我们需要积极行动起来。一旦开始行动，就会发现很多事情根本没有我们想象的那么糟糕。

方法正确结果才会正确

君子之行要修己安人，不能只把君子之道用于言语，更重要的是要付诸行动，让自己的行动去影响别人、去成全别人。君子的出发点是为了芸芸众生，只要是对大众有意义的事情，哪怕牺牲也是在所不惜的。

——南怀瑾

做事情要讲究方法，一定要找到最关键的地方开始做。很多时候，人们想做的事情太多，以至于不知道该如何入手，没有充足的时间去做，所以迟迟没有行动。其实很多时候，只要找到自己想要做事情的关键点，然后先入手，那么一步一步完成，后面的工作就很好处理了。

总而言之，大凡成功的人都是喜欢多做事、少说空话的人。所以我们要在生活中积极养成这种习惯。当想做一件事情的时候，稍微有所准备之后就开始着手于行动，要养成这种积极行动的习惯，戒除懒散的毛病，做一个做事主动的人。而培养一个行动的习惯，并不需要特殊的聪明才智，只需努力就可以，好的习惯可以让我们的生活更加美好。

心动不如行动，积极迈开我们行动的第一步，那么我们的成功概率就会提高很多。如果只是想而不做，那么将永远没有实现自己计划的可能。

每个人都在追求自己事业的成功和卓越，但是这种成功和卓越并不是凭空想象出来的，都要积极付出努力，这种努力不仅包含了思考，而且包含了实干的精神。

另外，我们做事情的时候还需要仔细。在中国历史上，我们有一个增产粮食的经验，那就是改变粗放的耕作模式，而变为精耕细作。其实做事情也是这样，仅仅依靠占有广阔的生存空间和更多的人力远远不够，还需要实行“精耕细作”的模式。

而且做事情还需要精湛的技术。有时候我们感觉自己的知识和技能已经足够精通了，但其实还有更高的境界等着我们。所以我们只有将以往作为基础，不断迈向高峰，这样才能够超越大众，才能够达到更高的水准。

其实认真做事并不仅仅只是一种做事的态度，而是一种生活的态度，是一种对自己的生命历程完全负责的生活姿态，也是人们对生命瞬间注入激情的生活姿态。每个人的人生只有一次，所以不管我们发生了什么事情都需要积极努力，不要只是停留在说上。少说一些空话，多做一些事情，这样我们就会离成功更近一步。

己温思人之寒，己安思人之难。

《论语·宪问》中有这样一段对话：

子路问君子，子曰：“修己以敬。”曰：“如斯而已乎?”曰：“修己以安人。”曰：“如斯而已乎?”曰：“修己以安百姓。尧舜其犹病诸?”

其实这段话就是子路在问孔子什么才是君子，孔子的回答很简单，他说：“君子要懂得修养自己，懂得保持自己严肃和恭敬的态度。”然后子路又问：“那么这样做足够了吗?”孔子回答说：“君子修养自己的同时还要让周围的人都快乐。”子路又问：“那么这样做足够了吗?”孔子则说：“君子修养自己，让所有的百姓都快乐，这一点恐怕连尧舜都无法做到吧。”

南怀瑾对这段对话有自己的见解，他认为君子做事情要做到严肃、恭敬和庄重的态度，要不断去修正自己的行为和思想，从而做到可以有利于别人、有利于社会、有利于整个天下的百姓，能够做到这些的人才能算是君子。

世间的人有很多种，能够做事情的也非常多，而判断君子的衡量标准并不是一成不变的，其实南怀瑾的意思也很简单，只要做事情能够“严于律己”，而且对他人有益，那么这样的人就可以成为君子，就是圣人的行为。

君子的行为一般都是为了大众，他们的出发点都是为了社会上的所有人。

他们不仅在品性上要求自己，而且更多地能够在行为上规范自己，让自己做的一切都能够符合大众的利益，就算是牺牲了自己，他们也会坚持下去。

荣西禅师是非常出名的得道高僧。有一天，一个乞丐来到荣西禅师面前，然后对他说："禅师，我知道您是得道高僧，那么您来救救我吧。我们全家已经有好几天没有吃饭了，我的父母都在等着供养，我还有妻儿要照顾，现在我们都快要饿死了，求求您救救我们吧，我们会记住您的恩惠的。"

荣西禅师听到乞丐的哭诉之后非常难过，他也想救救这家人，但是当时连年干旱，寺庙里也已经没有了多少能吃的东西，根本没有多余的东西能够去救济别人。但是他又不想看着这么多人饿死。荣西禅师此时感觉非常为难，就在这个时候，他突然看到了身旁镀了金的佛像，于是他丝毫没有犹豫，将佛像上的金子刮了下来，然后交给了那个乞丐，并且对他说："这些金子你去当铺里当掉，就可以换些粮食来救济了。"

荣西禅师的一个弟子看到这一幕忍不住说："师父，您这样做岂不是在冒犯佛祖吗？佛尊身上的金子就好比是他的衣服一样，你怎么可以随便刮下来送人呢？"

荣西禅师听完徒弟的话之后非常严肃地说："你说得很对，但是佛祖一直在教育我们要慈悲，如果他都不肯将身上的衣服拿来帮助别人的话，那么怎么可以教育我们呢？就算是佛祖身上的肉，他也愿意拿出来帮助别人，更何况一件衣服呢？我这样做和佛祖的想法是一样的。现在那家人就要饿死了，佛祖不会见死不救的。如果因为我这样做了而要下地狱的话，那么我心甘情愿。"

其实在人世中，如果想要成为德高望重的人就需要付诸行动。就好比有人自己标榜自己是君子，但是他们只是说，而从来不去付诸行动，他们的心中没有苍生，那么他们只是口头君子。

内心有爱，天地广阔

> 你的所作所为对于人类社会有贡献，因为你的贡献，能使人类安定下来，这才算是事业。古人有一句话说“但在流传不在多”，能够真正流传下来的，它的价值不在数量多。可知但在流传不在多，真正有流传的价值，这也就是事业的定义。……反之，人若有房子、有钞票财产，不见得是成功。
>
> ——南怀瑾

《庄子·大宗师》中提到“有亲，非仁也”。

如果慈悲中还带着私情的话，那么这就不是真正意义上的慈悲了。南怀瑾对此解释道：儒家所讲到的仁、佛家所讲到的慈悲，以及基督教徒所讲到的博爱其实都有形同之处，只不过解释的方法和范围有所不同罢了。佛家的慈悲是要平等待人，对任何人都一样；而儒家的仁稍微有一些范围，其讲究的是先对自己的亲人慈悲，然后再去爱一切众生。

南怀瑾为了能够讲清楚儒家和佛家关于“仁爱”的不同，他还引用了理学家们的一个风趣比喻。

有一天，孔子和释迦牟尼佛同时站在小河边，此时他们看到自己的母亲掉到了河里，释迦牟尼佛讲究的是平等对众人，所以他两个人都会去救；但是孔子则是先跳到水中救起了自己的母亲，然后再去救释迦牟尼佛的母亲。

通过这个比喻，我们就可以看到儒家的思想中有一个次序：“亲亲”、“仁民”、“爱物”。其实理学家对儒家并没有批判，只是以此说明两者之间的关系和区别。

心中无私才会做到真正的刚毅正直

其实心中无私才可以做到真正的刚毅正直，这种做事态度能够让我们拥有高洁的品行，同时也是一种非常高深的智慧。东汉时期的马皇后就是这样一个值得人们尊敬的人。

——南怀瑾

东汉光武帝时期，马援是一个南征北战、战功赫赫的大将军。马援有一个女儿小时候就非常聪明，不幸的是她从小失去了母亲，而父亲常年在外征战，所有照顾弟弟和妹妹的事情全部落到了她的肩膀上。正是因为这样的原因，才使得她成熟很早。后来马援在征讨武陵“五溪蛮”时，病死于军中，实现了他“马革裹尸”的雄心。等到马援去世之后，光武帝对他的后人非常照顾，于是将他13岁的女儿召入宫中，并且留在阴皇后身边。后来太子刘庄(即汉明帝)对其渐生情愫，公元57年二月，光武帝卒，刘庄即位，立马援之女为贵人。

等到公元六十年二月，又立贵人马氏为皇后。

马皇后本人是一个才貌双全、非常有能力的人，她在宫中的时候熟读了经史，而且她对《春秋》、《楚辞》等都有研究。所以对于每个重要的国家政令，她都可以提出自己的看法和见解，这让汉明帝非常佩服。

公元70年，燕广揭发楚王有造反的嫌疑，汉明帝对此并没有仔细调查，就兴师问罪将楚王英赶到了丹阳。后来楚王英自杀，宫中凡是和楚王英有关联的人都被下了大狱，当时仅仅因此案而被赶出京城的人就有1000多人。3年之后，又发生了相似的事情。马皇后看到这种情况非常忧虑，她大胆向汉明帝进谏，说明这种事情的危害性，如果再这样下去的话肯定会影响到汉明帝的威望。后来汉明帝采纳了马皇后的意见，最终制止了事情的进一步恶化。马皇后还是一个非常认真的人，凡是有人对汉明帝或者朝廷提出有意义的建议，马皇后都会认真听取，然后通过调查之后，将这些情况反映给汉明帝。

马皇后一直没有儿子，汉明帝于是就将贾妃的儿子刘炟交给她抚养。从此之后，马皇后对自己更加严格要求，而且对刘炟视如己出，完全做到了一个母亲应该做的。而且她还提倡宫廷内的生活应该节俭，后人都很尊敬她。

公元75年八月，明帝卒，皇太子刘炟即位，也就是汉章帝，马太后被人们尊称为皇太后，辅佐刘炟。为了能够辅佐汉章帝，马皇后翻阅了前朝的历史，她还开始编撰汉明帝的起居注，当时马皇后的哥哥马防曾经担任汉明帝健康和用药方面的官吏，这些都应该在起居注中记载一笔，但是马皇后只字未提。汉章帝看到之后就问道："我的舅舅在父皇身边忙碌了一生，但是为什么在这里没有提到他呢？"马皇后却说："他这样做都是他应该做的。"

马皇后从来不借助自己的地位给自己的亲戚谋私利，相反，她对自己的亲戚要求都很严格。她曾经向京城里的官吏表示："如果有我们家族的人触犯了法律，那么你们要告诉我，我要依法制裁他们；如果他们做了好事，也按照规定给他们一定的奖励。"

汉章帝在即位之初，本来想给几个舅舅封官加爵的，而且很多喜欢拍马屁的大臣都劝告他这样做。马皇后对此却是坚决不同意。但是汉章帝担心如果不给自己的舅舅们一些好处，那么他们会对他怀恨在心，于是马皇后想到了一个两全其美的办法，她说："汉高祖的时候就有规定，没有军功的人是不能封侯的。马家的兄弟都还没有给国家立下什么军功，而且现在连年灾祸，你应该劝告你的舅舅们有所成就，报效祖国。"汉章帝听完这些话之后同意了她的看法，终于打消了给自己的舅舅封赏的念头。

公元 79 年六月，马皇后为宫廷和国家的事情操劳了一生，终于病倒了，她拒绝一切祈祷行为。不久，马皇后离开了人世，去世的时候只有 40 多岁。

马皇后的一生做事都很公正。她贵为皇后，却始终没有卷入到后宫的钩心斗角中。她不仅为后世留下了美名，而且合情合理地维护了家族的利益。其实这和她正确的处世之道有很大的关系。

马皇后一生一直坚持少为自己的亲戚考虑一些，多为他人考虑一些，少一些私心，多一些仁爱，这样会让自己过得很幸福，而且会得到更多的回报。

按照人们普遍的看法，会认为南怀瑾先生可以说是“事业有成、富贵多金”，但是南怀瑾对成功有自己的看法，他认为成功并不是得到了多少，而是贡献出去了多少。

贡献并不仅仅停留在财物上面，更高意义上的是给别人贡献真理。如果一个人不懂得道理，那么就算是他有再多的钱财和再高的地位，那么他也是一个贫穷的人。每个人都需要真理，如果人们能将自己所懂得的真理和别人分享，那么自己的功劳就会更大，这种分享是一种心灵上的启发，可以说是一种高深的处世哲学。

南怀瑾先生给予别人和社会的不仅仅是物质方面的，他明白物质方面的东西终究有一天会消亡，人们也会逐渐淡忘，但是关于精神方面的光辉却会永远绽放光芒。所以南怀瑾先生开办各种讲学，同时创办了台湾老古文化公司，专门出版一些有学术价值的书籍，他的目的就是让这些书籍展现的智慧能够惠及众人。

走正道，尽人力

> 富与贵，每个人都喜欢，都希望有富贵功名、有前途、做事得意、有好的职位，但如果不是正规得来的则不要……人一定要走上正路，走邪门、行左道，终归曲折而难有结果……我们经常碰到一些年轻人感慨：某某人不择手段发了财，在社会上就很神气、很吃得开。我为什么要讲道德呢?现在这种思想，很迷惑人。
>
> ——南怀瑾

南怀瑾的《论语别裁》在中国台湾一经出版就得到了各界人士的欢迎，当然，书一旦受到欢迎，那么随之而来的就是盗版问题。《论语别裁》也难逃这样的命运，很多盗版书迅速充斥于市场。

南怀瑾找到了盗版公司，并对他们提起了诉讼，法院开庭的时候，南怀瑾并没有出庭，而是让蔡策代表他上台。在法庭上，蔡策看到被告人居然是一个女子，显然她是被人利用了，她自己都不知道自己触犯了法律。

这个案子最后达成了和解，盗版的书都被销毁，不得在市场上售卖，而这个倒霉的女孩子也没有因此而坐牢；真正的黑手也怕了，再也不敢做盗版的事情了。

可能很多人认为南怀瑾先生有这样一副慈悲心肠，可能不会和盗版者计较。要知道南怀瑾先生是一个遵守法纪的人，他会捍卫社会秩序。又因为他从事的是教育工作，所以他绝对不会鼓励别人犯法，自然是不会纵容别人盗版的。南怀瑾先生时常教育自己的学生要走正道，非正规渠道得来的东西都不能要。所以他也就借助这次盗版事件，给那些不择手段的人一些警告。

在现代社会中，我们一定要做到以下几点：

首先，要遵纪守法。

现代社会是一个法治社会，我们是社会中的一员就要遵纪守法，无论做什么事情都要守规矩。

其实，在现代社会中，任何人都在借助法制保护自己。比如我们在消费的时候被不良商家“宰”了，那么我们就需要借助法律的武器来为我们讨回公道；碰到工资不发放的情况，我们就需要劳动法为我们撑腰……这些都是法律保护我们的地方。反过来，如果我们每个人都不遵守法律，都不依照法律办事，那么我们既有的社会秩序就会被打乱，最终的结果只能是让我们所有人都得不到法律的保障。

其次，做事情应该有职业道德和社会责任感。

在和谐的社会中不仅需要法律，还需要道德和良知来规范我们自己的行为。在现代社会中有很多人假公济私、公款吃喝；也有一些企业制造假冒伪劣产品……这些行为都大大违背了自己的社会道德。所以每个人作为社会中的一分子，在生活和工作中都应该积极约束自己，只有这样，我们这个社会才会更加和谐。

最后，做事情还应该讲信用。

在现代社会中，有很多人自作聪明，他们总是用坑蒙拐骗的方式来达到自己的目的。其实这种伎俩在一个健全的社会中是无法施行的。迟早有一天，他们的这种把戏会被别人看穿，最终会导致众叛亲离。就像《红楼梦》中讲到的“机关算尽太聪明，反误了卿卿性命”一样。

所以在这个社会中，无论是工作还是生活，都需要讲究信用，以讲信用为前提，只有这样才会得到别人的信任，人们也越来越愿意和讲信用的人打交道，慢慢地一个稳定、和谐的社会就此而建立起来。

南怀瑾先生一再强调，不是正规渠道得来的东西都不应该要。南怀瑾先生的谆谆教导有益于后人，只有这样才能够开创自己事业的新高度。

人的价值在于为社会做一些贡献

> 在每个朝代都有很多状元，但是他们如果不为人们作出贡献的话，那么他们很快就会被人们忘记，就算是少数被人们记住的，要么是来源于文学作品和影视剧目的杜撰，要么就是以反面教材存在。
>
> ——南怀瑾

《论语》卫灵公篇里有句话，子曰：“君子疾没世而名不称焉。”

很多人都担心自己死后，历史上将不会留下自己的名字，慢慢被别人遗忘，没有人能够记住自己。其实一个人想要在社会上留下自己的名字，就要多给这个社会作一些贡献，只有这样历史才会记住这个名字，后人才会敬仰他。

南怀瑾认为，想要在历史上留下名字是一件很难的事情。我们不妨回头看历史，发现真正留名的人并不是很多，哪怕是以往的皇帝或者是前朝的大臣到现在也有很多被人们遗忘了，他们就如同黄沙一样被埋在了地下。

就比如在每个朝代都有很多状元，但是他们如果不为人们作出贡献的话，那么他们很快就会被人们忘记，就算是少数被人们记住的，要么是来源于文学作品和影视剧目的杜撰，要么就是以反面教材存在。

南怀瑾认为，历史留名并不是一件简单的事情。那些后世留名的人大多数都是终生为人民服务，所以历史记住了他们的名字。像岳飞、韩世忠、杨家将等都是因为为社会作出了卓越的贡献，所以人们才记住了他们。

人生渺小，名利短暂

一个知识分子，为了什么读书?不是为了自己吃饭，是为了对社会和国家能有所贡献，假如没有贡献，无论安定的社会或动乱的社会，都是可耻的。

——南怀瑾

南怀瑾先生还指出，一个人的一生非常渺小，一个人所终其一生而追求的名利在历史面前只不过是一晃而过的镜头而已。所以，如果我们还要求取得名利，那么我们更应该放眼于千秋万代上，而这样的唯一途径就是多为社会作贡献。如果一个人不想为社会多作贡献，而又想留下美名，这是根本无法做到的事情。

很久以前，舍卫国有个叫作无恼的人，他身材非常魁梧，而且天生神力，很喜欢搏斗。他之前在一个师父门下求学。有一天，他的师父教唆他早上拿着刀子出门，并且告诉他如果能够在一天之内杀够100个人，还将100个手指头穿起来，那么带上这个就可以升天为神了。

无恼被师父所蛊惑，真的以为自己可以成神。那天他就像疯了一样，走在大街上见人就杀，他就好像狮子猎杀动物一样，很快他就杀死了很多人，人们听说了这件事情之后都奔走相告，纷纷躲避了起来，一时间没有人敢出门。一位智者听说这件事情之后，准备前来解救百姓。

转眼到了中午，无恼发现自己已经杀死了99个人，现在他只差一个人就可以升天了，但是他四下望去，居然连一个人都看不到，他心中非常焦急，担心错过了升天的时间。这个时候无恼在街上看到了自己的母亲，原来无恼的母亲做好了午饭等着他回家吃饭，但是一直等不到，于是就上街来找他。此时的无恼已经丧失了理智，他居然想要杀死自己的母亲从而凑够人数。

就在无恼准备动手杀死母亲的时候，智者赶来了，他走到无恼的面前，然后挡住了他的视线，于是无恼舍弃了杀母亲，而去追逐智者，但是无论无恼怎么追赶都追不到智者，眼看着无恼精疲力竭了，智者开导他说："你现在在和一个有邪念的师父在一起，你杀害了这么多生灵，你的罪过已经数不清了，你认为你可以升天吗？"无恼顿时醒悟了自己所犯下的罪过，于是将刀子扔向一边，然后对着智者跪拜了起来，他后悔自己当初的行为，放弃了邪念，跟随着智者出家了。

人生应该看透名利，只有了解人生的人才能够悟出人生的真谛。了解人生的人知道什么样的路可以走、什么样的路不可以走。如果过分追求那些原本不属于自己的东西，那么最终自己什么都不会得到。如果一旦选择了要将自己的名字刻在历史上，那么就需要为这个社会和社会上所有人都作出贡献，将自己的成功拿出来和别人分享，而不是将其占为己有。人如果想要在历史上留下使世人敬仰的名声，那么就努力为这个社会多作一些贡献吧。

放慢脚步，静赏自然

> 乐天就是知道宇宙的法则，合于自然；知命就是知道生命的道理、生命的真谛，乃至自己生命的价值。这些都清楚了，故不扰，便没有什么烦恼了。
>
> ——南怀瑾

在我们的现实生活中，很多人都在不辞忙碌地追逐名利，有的人甚至为此吃不下、睡不着。

有时候我们可以适当放慢自己的脚步，然后静下心来，倾听自然的声音，观察世界上的万事万物，或许我们会得到更多的快乐和幸福。一个人如果能够做到随遇而安，或许很多事情都会柳暗花明。

其实，无论是古代还是现代一些官宦，都会借助道家的思想让自己过得清净自在，以此来告慰自己。

唐代诗人李白少年时就有远大的志向，年轻时曾漫游各地，结交了很多达官贵人，希望得到他们的引荐。但是后来他做了官，发现这并不是自己喜欢的生活，于是辞官不做，最终为后世留下了很多精美的诗篇，诗中表达了他阔达的性格和积极向上的生活态度。

假如当年李白和其他人一样束缚在仕途之中，显然后世就少了很多优秀的诗歌作品，或许李白的才情也就只能淹没在历史的长河中了。

在李白的诗歌中时刻体现着他对自然的感悟，将自己和自然结合在一起，凝练地体现在他的诗歌中。

我们要顺应自然，不要刻意去追求一些东西。深刻把握自然的发展规律，做到随遇而安。

文学大师林语堂就是一个十分平和的人，他可以利用自己语言中的幽默表现出自己闲适的情态，他也在体现着自己对现实的不满，但是他的语言更加自然一些。

林语堂曾经说过："享受悠闲生活当然比享受奢侈生活便宜得多。要享受悠闲的生活只要一种艺术家的性情，在一种全然悠闲的情绪中，去消遣一个闲暇无事的下午。"

其实，或许我们在随遇而安中失去了一些东西，但是难道这些失去的东西有一天不会回来吗？不会在另一个恰当的时间里回到我们的身边，补偿我们的损失？

人们的生活中会遇到很多不幸，不管是悲伤、难过还是愤怒，我们都要淡然处之，看淡这些事情就会发现自己活得更加闲适了。

一个能够顺应自然的人可以享受人生的最高境界，这不仅是一种态度，还是一种善良和智慧。在此中，我们可以感悟人生的真谛，可以理解生命的价值所在。只有这样才能够看穿世间万物的变化规律，才能够得到人生的大智慧。

第三章

君子之交，容人为先

——听南怀瑾讲交友

心怀包容天地宽

> 我们人类的心理有一个自然的要求，都是要求别人能够很圆满：要求朋友、部下或领导都希望他没有缺点，样样都好。但是不要忘了，对方也是一个人，既然是人就有缺点。再从心理学上研究，这样希望别人好，是绝对的自私。
>
> ——南怀瑾

“水至清则无鱼，人至察则无徒。”如果小河里的水太清澈，那么其中的鱼儿就无法生存；而一个人如果过于精明，那么这个人就很难容忍别人。其实这是在告诫人们：对待别人不要过于严厉，看问题也不要太过于苛刻，要懂得包容别人，包容周围的一切。

所有的人都不会不犯错误，所以我们要懂得包容别人，或许我们的一个包容会改变一个人的一生。对待别人既要能明察，同时也要有所包容。现代社会的竞争非常激烈，出现磕磕碰碰很正常，像工作和生活中的被误解、受委屈等肯定会发生，每个人虽然都不希望自己遇到这些事情，但是难免发生，所以我们要以一颗包容的心态去对待这些事情。宽容并不仅仅是一种理解和原谅，而且能够显示出一个人的胸襟和力量。宽容一个人可以给对方一次机会，同时自己也会从中获得快乐。

曾经有一个少年因为父母离异而缺少管教，所以他经常和当地一些小混混在一起，最后养成了偷窃的习惯。

有一天，这个少年从学校里出来的时候，看到校门口很多人都围着一个书摊看。

这个少年非常惊奇，于是也挤了进去，在这里，他看到了很多小人书，他特别喜欢看小人书，但是现在没有钱，他摸遍了全身也没有找到一毛钱，看着小人书被同学们一本一本地买走，他非常着急。

少年着急之余想回家去拿钱，但是想起家中也没有钱，而且家离这里非常远，一来一回，估计这些书早就被同学们买完了。

就在这个时候，一个罪恶的念头出现在少年的脑海里，他想到了偷。

于是这个少年装作看书的样子，拿起了一本最喜欢的《铁道游击队》，然后趁着摊主大爷没有注意的时候悄悄将书塞进了书包，他刚要转身离开的时候，听到后面一个声音说："站住，你居然敢偷书。"原来是一个高年级的学生看到了这位少年的行为，少年被吓出了一身冷汗，整个人僵在那里。

但让人没有想到的是，摊主大爷看了一眼这个少年之后说："同学们，你们可能误会了，这个孩子是我孙子。"

这一句话让少年感动了很久。

等到买书的同学慢慢散开的时候，摊主大爷对少年说："你先回去让奶奶做饭吧，我卖完这些书就回来。"

这个少年知道摊主大爷暗示让他离开，但是他没有走开，而是躲在一个角落里一直等着老大爷收摊。他本来想冲过去向大爷道歉的，但是他一直没有勇气，不过他知道大爷已经宽容了他的行为。

通过这件事情，少年改掉了很多陋习，以后再也没有偷过东西。

过了很多年，当年的摊主大爷已经将这件事情忘记了。有一天，他收到了一个很厚的包裹，里面满满的全是书，每一本书的扉页上都写着一句话："将此书赠给改变我一生的人。"包裹里还有封信，信上写道："大爷您好：我就是当年偷书的那个少年，是您宽广的胸怀宽容了我，也是您改变了我的一生。我真想叫您一声爷爷。现在我已经是一个小作家了，为了能够报答您，我会将我所有的书都寄给您，请接受我的这些书籍。”

通过这个故事我们可以看到宽容有着非常大的力量，很多时候我们忽视了这一点。每个人都会犯下很多错误，我们都会祈祷别人能够原谅我们，希望别人能够给我们一个改过自新的机会。所以很大程度上，宽容别人就是在宽容自己，如果今天我们可以宽容别人，那么终究有一天别人会宽容我们的。

宽容对待别人的错误

> 我以前听了一个人的话就相信他的行为，但是现在我听了一个人的话以后，还要观察他的行为，我有这个改变，是宰予给我的这个启发。
>
> ——南怀瑾

很多人在提到人身价值的时候会讲到很多大道理，南怀瑾先生认为这些大道理都没有错，但是这些道理不见得能够行之有效，不见得能够约束所有人。其实一个人要实现人生价值首先要做好自己，而要想做好自己，最应该注意的就是要走正道，找到正确的、属于自己的道路，然后一直走下去，那么就会取得应有的成功。

而在做好自己的同时，就要想着“兼济天下”。一旦一个人取得了一定的成就，如果还只是“独善其身”就不可以了，此时更应该想着去帮助别人，真正做一个对社会有贡献的人。

十六国时期，前秦苻坚手下有一位猛将叫作王猛，有一次他率领部队和前燕作战。在开战之前，有一位将领徐成违反了军令，按照军规应该处斩，徐成是邓羌的手下，所以邓羌前来王猛面前求情，但是遭到了王猛的拒绝。邓羌因为此事怀恨在心，居然想要谋反以杀掉王猛。但是王猛以大局为重居然原谅了邓羌，而且还释放了徐成。因为当时大敌当前，他不想自相残杀。

后来，双方的战斗逐渐升级，王猛想要调邓羌的部队前去应战，但是在这紧要关头，邓羌居然提出了在打败前燕的军队之后升他做司隶校尉的无理要求。王猛对此非常为难，因为这件事他无法决定，事实上的确如此。邓羌果然按兵不动，并且以此来要挟王猛。王猛这一次还是容忍了邓羌的行为，并且还向邓羌赔礼道歉，答应了他的无理要求，后来邓羌才愿意出战。

“邓羌请郡将以挠法，徇私也；勒兵欲攻王猛，无上也；临战预求司隶，邀君也。有此三者，罪莫大焉！猛能容其所短，收其所长，若驯猛虎、驭悍马，以成大功。”后人以这段话来评价这件事情，其实在这段话中深刻包含了王猛能够在关键时刻以宽容态度对待别人的智慧。

在选择人才方面，宽容待人也是一个重要的内容。无论是一家公司、企业，还是一个国家，内部的人才之间一定要相互宽容，这样的团队才是具有向上动力的团队，这样的团队才能够创造奇迹。

宋朝时期的吕蒙正就是一个宽容大度的人，他在担任宰相的时候，曾经有一次有一个官员在帘子后面指着他说：“是小子亦参政？”其中包含了很多对吕蒙正的蔑视，他们的意思就是吕蒙正怎么可以出任宰相？但是吕蒙正对此假装没有听到，大步走了过去。吕蒙正的很多朋友对此都非常不满意，想要找出这个胆大包天的人，但是吕蒙正劝阻了他们的行为。

等到散朝之后，很多人还是对前面的那件事耿耿于怀，后悔当时没有揪出那个人。谁知吕蒙正说："如果我要是知道了这个人的名字和官位，那么估计很长时间都无法忘记他了，而且一直要耿耿于怀。现在我不知道他是谁，我不是过得好好的吗？不知道他的名字对我又没有什么损失。"

通过这个故事就可以看出吕蒙正是一个宽容大度的人，而他的这种做事待人的风格值得我们学习。

其实，宋朝的范仲淹也是这样一个具有宽容气节的人，他在用人的时候从来不计较别人的细微不足。范仲淹在做元帅的时候，他所招纳的幕僚中很多都是犯过罪的人，范仲淹大胆任用这些人，很多人对此非常不解，产生了疑惑。范仲淹则说："对于那些有才能而又没有过错的人，我们要重用。但是世界上没有完人，如果某个人的确是人才，就算他曾经犯过一些错误，也要照顾他，尽量宽容他并且接纳他。"

俗语说："责人之心责己，恕己之心恕人。"

其实在很多时候，当我们批评别人的时候，想想自己是否做得足够好，宽恕自己的时候也想想是不是对别人也抱着一份宽容的心态。如果只是宽容自己，而不知道宽容别人，那么只能让自己变成一个蛮横无理的人。其实很多时候，很多事情并不是像我们想象的那样，与其苛责于别人，还不如退一步然后宽容别人，给别人一次机会的同时也给自己一次机会。多站在对方的角度思考问题，多为别人考虑，这样做事才不会有失偏颇。

付出真诚方可赢得真诚

一个人的修养，对人对事，都要有这种“祭神如神在”的心理。否则，表面上非常恭敬，内心里又是另一回事，那是没有用的。由于孔子的这番话，了解了祭礼，依此来讲做人的道理，也就可以触类旁通了。

——南怀瑾

每个人从小到大接受到的都是要诚实的教育。要知道诚实的人才能够得到别人的肯定和欢迎，人们更愿意和诚实的人打交道。诚实才是立足这个社会的根本。我们时刻保持诚实的心态才能够更好地与人相处。

真诚待人是最基本的待人之道，更是一种高明的处世之道。只有做人真诚，才能够得到更多人的支持。其实在招揽人才上也是一样，如果没有诚意，那么就不会有人才愿意投在你的麾下，关键时刻更没有人能够帮助于你。

在战国时期，齐国的孟尝君、赵国的平原君、魏国的信陵君、楚国的春申君四人被称为战国四君子，他们各自都有很多门客，而他们都是待人非常真诚的人，其中最为著名的算是魏国的信陵君了。

信陵君是魏国公子，名无忌，是魏昭王最小的儿子，在魏昭王离开人世之后，信陵君的兄长安釐王即位，封无忌为信陵君。信陵君是一个仁人志士，对人非常真诚，所以方圆数千里的人都来投靠他，其手下的宾客就有3000多人，当时有很多诸侯国就是因为忌惮信陵君手下的门客而不敢轻易进攻魏国。

在信陵君众多门客下有一个叫侯嬴的隐士，他和信陵君的故事被千古传唱。

侯嬴曾经是大梁夷门的看门人，此人非常贤德。他和信陵君第一次接触的时候已经是70多岁了，当时信陵君听说他是一个贤能之人，所以前来拜访他，并且给他准备了非常丰厚的礼物，侯嬴不肯接受，并且说："我已经修身洁行十几年了，现在我不能因为贫困而接受公子的财物。"

为了和侯嬴结交，信陵君大摆筵席请来了很多宾客。当时信陵君自己驾着马车，空着车子左边的座位前去迎接侯嬴，侯嬴上了车之后一点儿都不谦恭地坐在了座位上，他想通过这个举动来试探公子的态度，信陵君则丝毫不在意，相反更加恭敬地赶车前行。

等到车子经过一段路之后，侯嬴对信陵君说："我有一位朋友就在附近，我想现在去看看他。"

于是，信陵君赶着车子到了闹市，侯嬴找到了朋友朱亥，他故意将谈话的时间拖得很长，想要看看信陵君的反应，但是信陵君始终和颜悦色，非常耐心地等待着他的到来。

就在这个时候，魏国的将相和宾客已经都到了，他们坐好等待着信陵君的到来。当时市场上的人都在看信陵君等待侯嬴，而很多随从的人员都在暗地里骂侯嬴不识抬举。但是侯嬴不以为意，告辞了朱亥上了车。

等到了家中，信陵君将侯嬴请上上座，并且将他介绍给所有的宾客，当时宾客都很惊讶。等到酒过三巡，信陵君站起来给侯嬴敬酒，侯嬴对信陵君说："今天已经非常烦劳公子了，我只不过是一个看门人而已，公子居然亲自前去赶车，而且还等了我那么长时间。其实我这样做就是想让公子造就一个好名声，让别人认为您是一个真诚待人的人，是一个礼贤下士的明主。"侯嬴接着说，"我刚才拜访的朱亥也是一个贤能之人，他现在隐居在市场中，世上的人都不知道。"

信陵君这才恍然大悟。侯嬴的做法不仅是在试探信陵君是否有一颗真诚的心，而且还等于是在为信陵君做宣传，将信陵君的名誉传播了出去，而且还给信陵君介绍了另一位贤士朱亥。后来就是侯嬴和朱亥帮助信陵君上演了“窃符救赵”。

南怀瑾先生一直在强调做人应该以诚为本。通过上面的故事我们可以看出真诚对人的重要性。在现代企业中同样强调真诚的重要性。很多企业都要求企业员工对企业的绝对忠诚，同时也以真诚去对待每一位员工。真诚还讲究的是相互，所以别人对我们真诚的时候，我们同样要对别人真诚。

要相信别人、尊重别人

对别人真诚能够换来别人的信任，最终别人会推心置腹，甚至将一些重要的事情交给你来做，最后自己的朋友圈子就会越来越广。

——南怀瑾

如果我们对待别人抱着一种尔虞我诈的心态，那么最终不会让自己有好结果的。如果对别人使奸耍滑，一两次可能会让你占到便宜，但是时间久了、次数多了，别人就会看出你的本性，就不愿意和你合作了。就比如在生意场上，那些狡诈的商家为了一时的利益欺骗了别人，那么最终只能让自己吞下恶果，不仅损失物质财富，而且会影响名誉，到最后就没有人愿意和他们合作；在学术界同样也是这样，如果你一味欺骗别人，那么谁又愿意将自己的才学教给你呢？没有学到东西自然就是你最大的损失了。

以诚待人还要做到相信别人，同时尊重别人。在现代社会中的所有人都很好面子，或许当你欺骗别人的时候，别人表面上不说什么，但是在内心深处已经开始排斥你。而等到你需要别人帮助的时候，人家就不会认真对待你。这个时候不要怪罪别人，而应该好好反省一下自己。

而一个平常人更应该重视真诚的力量，因为这样做，别人会认为这个人是一个可靠的人，慢慢地，别人就会更加相信这个人。对别人真诚能够换来别人的信任，最终别人会推心置腹，甚至将一些重要的事情交给你来做，最后自己的朋友圈子就会越来越广，自己离成功也就不远了。

真诚做人是一个人的品质，如果对自己真诚则能够减轻自己心理上的负担。很显然，对自己真诚就是不要自欺欺人。很多时候我们做错了事情自己不愿意去承认，因为一旦承认了错误就好像给别人证明自己能力有限，自己也会感觉很丢面子。其实我们在面对自己错误的时候同样要面对，大胆承认自己的错误、敢于承认自己错误的人才能够获得心理上的解脱，也能够得到更多更好的机会，没有人会因为一个人的正视错误而鄙视他，而且别人还会更加尊敬他。

古人说："驭将之道，最贵推诚，不贵权术。"

这句话中讲到的"诚"就是真实无妄的意思，做人就应该实实在在，没有任何的修饰。孟子也曾说过"人天生存诚"，而这种"诚"则是更加高一等的修养，人们经受各种诱惑或者动机而使得自己有所不诚，所以我们要抵抗诱惑，真诚做人。

珍惜身边的友情

> 大家交朋友，常引用历史上的管鲍之交，用管仲与鲍叔牙的交情来比拟知己之交，但要真正达到那个程度太难了。中国五伦之道，朋友一伦是很重要的，也很难得。朋友能够交到这样，谈何容易!普通人只看现实，所以介绍管仲等的故事给诸位，我们要知道交友之难、待友之难，以及得一知己之难。
>
> ——南怀瑾

子曰："有朋自远方来，不亦乐乎?"其实这句话一方面表现了自己对朋友到来的喜悦，另一方面也表现了朋友或者说知己的难得。很多人都在说"人生得一知己，死而无憾"，其实这句话非常有道理，人一辈子虽然会有很多朋友，但是真正称得上知己的恐怕也真的只有一两个。

在抗日战争时期，南怀瑾曾经和一些难民辗转到西南大后方，落脚到成都的贵阳会馆，当时他的生活非常窘困。但是当时他认识了钱吉母子，他们给了南怀瑾很大的帮助，南怀瑾和钱吉两人也是趣味相投，很快成了非常好的朋友。

当时钱吉对南怀瑾的帮助很大，后来南怀瑾闭关学佛，钱吉也去做了一些小生意，钱吉曾经写了一首诗赠给了南怀瑾，诗是这样写的："侠骨柔情天付予，临风玉树立中衢。知君两件关心事，世上苍生架上书。"

南怀瑾和钱吉相识、相知的时候只有20来岁，看到"知君两件关心事，世上苍生架上书"这两句诗感觉非常亲切，认为就是对自己命运的概括，所以一时认为自己遇上了知音。

后来到了50多年后的1986年，当时已经在美国的南怀瑾和自己的老朋友联系上了，他也不断打听当时朋友们的下落，而关于钱吉的消息一直都打听不到，当年自己栖身的贵阳会馆也无从查找。后来有人说在“文化大革命”的时候见过一次钱吉，当时他在街上买卖旧衣服，情况非常不好。南怀瑾听到这句话之后非常难过，于是写了一首诗怀念这位曾经的知己。

蜀道初登一饭难，

唯君母子护安康。

肯知苏季非张俭，

不信曾参是项梁。

徒使王陵有贤母，

奈何维诘学空皇。

千金投水淮阴恨，

今古酬恩枉断肠。

这首诗中非常明确地表达了南怀瑾对钱吉这位老朋友的感恩，同时也流露出对找不到他的一种遗憾。而他现在只能“今古酬恩枉断肠”来感慨。

在南怀瑾的这段经历中，我们一方面感慨人生的确遇一知己很难，另一方面也为南怀瑾珍惜友情的行为所感动。其实我们在结交朋友上，虽然无法多求知己，但是多交一些好朋友也非常重要。多交朋友一方面可以充实我们的生活，可以在工作之余一起娱乐和游戏；另一方面，朋友多了也对自己的工作有很大的帮助。

当然，朋友多了自然要耗费很多时间去交流，有时候根本无法做到深入交流，所以我们需要注意如果仅仅为了交朋友而去交朋友，那这种做法没有任何意义。结识一些相互欣赏、相互帮助的好朋友，才是最重要的。朋友在于质而不仅仅只是量。

知己，你最真实的镜子

> 不要怕自己没有知己，不要怕没有人了解，只要能够充实自己，别人自然能知道你。
>
> ——南怀瑾

对待知己或者说好朋友需要注意以下几点：

第一，对待朋友要鼓励他，并且支持他

朋友之间需要相互鼓励，要让朋友发挥自己的优点。其实我们可以给朋友在生活、工作等方面提出一些建议，这种建议就是一种支持和鼓励。在一个人的成长过程中，来自于知己的鼓励非常重要，我们要不断给朋友鼓励和打气。当朋友遇到挫折的时候，要适时帮助对方释放心理压力，或许你的信任和帮助能够改变他的一生。

第二，对待朋友要不断分享他的兴趣

和朋友多畅谈一些人生和理想。和朋友在一起时间长了就会产生默契，两人之间慢慢就会有心灵相通的感觉。认可朋友正常的兴趣爱好，并且将他的兴趣爱好分享出来，让更多的人知道，这种分享可以让朋友有一种心理上的安全感，有你的帮助，他会更容易实现理想。

第三，对待朋友要帮助他脱离苦海

当朋友处于失意状态时，我们需要及时出现在他们面前，然后帮助他们，对他们始终给予一些有力的支持，从而让他们看到希望和成功的机会，这种积极的心理暗示继续进行下去，就会帮助朋友脱离苦海。

第四，对待朋友要帮助他开阔眼界

面对一个朋友，应该将你的知识和你的视野与他一起分享，并且将自己的其他朋友介绍给这位朋友，让朋友之间获得不同的心理感受。

第五，对待朋友要给他指引成功的道路

如果朋友遇到了困难和需求，依靠自己的力量一时无法化解，此时就需要借助别人的指导和建议。如果你能够及时、认真地考虑到对方的想法，并且帮助他理清思路，然后给予对方合理的建议，那么他肯定能够看到成功，明确自己的努力方向。

第六，对待朋友要懂得倾听

一个人难免会遇到苦恼的事情，此时如果他找到了你，希望你能够倾听，那么这个时候你就应该做一个很好的倾听者，让他将绷紧的心态放松下来。因为对方愿意找你倾诉，那就说明对方将你作为最好的朋友，所以你就有责任和义务开导并且倾听他的“郁闷”，从而让他心态得以平衡。

人生要想得到一个知己并不是一件简单的事情。知己并不一定是天天待在一起的人，有些人之间可能很多年没有见了，但是他们却是知己；而有些人天天待在一起，但未必就是知己，甚至很有可能是面和心不和的仇敌。像古代管仲、鲍叔牙以及俞伯牙、钟子期就可以称之为知己。所谓知己，一定要相互帮助，并不是一味想要从对方身上获得好处，知己之间并不一定经常在一起，但是知己之间一定要相互帮助、相互为对方考虑。人生得到一个知己或者一个非常要好的朋友非常不容易，所以我们一旦得到就要非常珍惜。

做人不可傲慢

> 要求朋友、部下或长官，都希望他们没有缺点，样样都好。但是不要忘了，对方也是人，既然是人就有缺点，这是绝对的自私，因为所要求对方的圆满无缺点，是以自己的看法和需要为基础。我认为对方的不对处，实际上只是因为违反了我的看法，根据自己的需要或行为产生的观念，才会觉得对方是不对的。
>
> ——南怀瑾

南怀瑾有一位不错的朋友叫作蔡策，蔡策是一个懂得速记的人，南怀瑾在讲台上讲解《论语》的时候，他就在下面用笔做记录，最后通过整理笔录，然后补充了一些资料，最后出版了南怀瑾先生的《论语别裁》。后来两人又经过了多次合作，还出版了《孟子旁通》等书。随着各种书不断地出版，他们之间的关系越来越好。

其实，蔡策有着几十年的记者生涯，所以慢慢地也培养出了一些傲慢的情绪，而且在自己的行为上也慢慢显露了出来。也正是因为这个原因，很多人都不愿意和他接触。对于他的这个缺点，南怀瑾看得非常清楚，但是他对这些都不怎么在意，这些都不会影响他们的关系以及他们的合作。

还有一次，南怀瑾曾经非常温和地评价蔡策，说他是一个“目视云汉”的人。其实这里讲到的“目视云汉”和“眼高于顶”有着相同的意思，也是在说蔡策有一定的傲慢之气。南怀瑾在讲到这番评价的时候，他的语气非常温和和亲切，一方面很委婉地告诉了蔡策他的缺点，另一方面还展示了南怀瑾宽厚待人的品质。

人非圣贤，孰能无过？就像南怀瑾先生所讲的一样，每个人在心理上都有一个自然的需求，都希望别人能够完美。但是要知道，别人也是一个普通的人，也会有缺点。我们在生活的过程中，对此要有所借鉴。很多人因为自己的生活方式和生活态度而排斥对方，认为只有自己才是正确的。其实不管是什么人，只要能够遵守最基本的做人原则，那么采取怎样的生活方式都没有问题。

不要苛求别人

可以有同有异,不能以自己的观念苛求于他人,还是应该求大同而存小异。

——南怀瑾

第一，我们要懂得尊重个性差异

古人说：“举大德，赦小过，无求备于一人之义也。”

一个过分挑剔的人并不会得到别人的认可，更不要说亲近了，所以我们要懂得尊重他人的个性和差异性、谅解和理解别人的错误和弱点。如果整天到处指责别人，那么只能让自己的人际关系变得紧张，会让自己背负太多的心理负担。

第二，我们要懂得宽恕别人、反省自己

俗语云：“责人之心责己，恕己之心恕人。”

每当批评别人的时候，首先要想一想自己做得是否足够好；而宽恕了自己的时候，也要想想对待别人的时候是不是很苛刻、有没有做到将心比心。如果只知道宽恕自己的行为而责备别人，那么会让自己变成一个不思进取和蛮横无理的人。如果能够反省自己的错误，而对别人做到宽恕，那么我们就会拥有很多成功的机会。

第三，我们要懂得站在别人的角度上看问题

做任何事情都从别人的角度去考虑问题，多想想别人，那么就不会太主观，自然就会避免很多误会和错误。

第四，我们还要懂得改变别人对成功的认定

很多人都有“成者王侯败者寇”的观念，他们用一件事情的成功与否来判断一个人，这种成功观非常片面。其实一个人如果失败，导致他失败的原因有很多，就像南怀瑾先生说的，不管是表现的机会、所处的环境、当时的时代大背景……都会导致一个人失败。所以我们对人对事应该少一些苛责。

总而言之，对任何人都不要太过于苛求，总是想着给别人留有余地，这才是我们做人做事的信条。金无足赤，人无完人。我们现在对别人宽容一些，时过境迁，也会得到别人的宽容。

己所不欲，勿施于人

> 做一个家长，带领孩子、教育孩子，就不要忘记了自己当孩子的时候是怎么样的，那就很容易懂孩子。可惜我们当了家长的时候，就忘记了自己当小孩子的时候。
>
> ——南怀瑾

“己所不欲，勿施于人。”

和他人交往的过程中应该理解他人的立场和感受，并且对他人的情绪和想法要有所了解，能够站在他人角度去思考问题的人才能够很好地处理问题。其实这并不是很难做，只要想着自己不愿意别人怎么对待自己，那么自己就不要怎样对待别人；不要把自己不想承受的强加于别人；不要将自己希望的生活方式一定要让别人接受。其实就是不要将自己不喜欢做的事情强加于别人，多做一些换位思考，多理解理解别人，多宽恕别人。其实这是最基本的待人处世的方法，这样也可以为自己建立良好的人际关系。

在战国时期，楚国和梁国的交界处，两个诸侯国各自设立了界亭，看守界亭的亭卒们都在各自的空余地上种植了一些蔬菜。梁国的亭卒们非常勤劳，他们不断锄草浇水，蔬菜长得都很好；而楚国的亭卒相对较为懒惰，所以他们的蔬菜长得一般。心生忌妒的楚国亭卒在一个夜晚将梁国亭卒的蔬菜全部挖出来了。

等到第二天一早，梁国的人看到自己的蔬菜全部被挖出来了，非常生气，于是报告给了边县的县令宋就，希望他可以批示他们将楚国的蔬菜也挖出来。但是宋就说："你们如果这样做了自然很解气，但是我们不愿意别人糟蹋我们的蔬菜，那么我们为什么要糟蹋别人的蔬菜呢？他们做错了事情，难道我们要跟着他们做错事情吗？从现在开始，你们每天晚上都去给他们的蔬菜地锄草浇水，而且不能让他们知道。"梁国亭卒的人听了宋就的话虽然有所不服，但还是照做了。

过了一段时间，楚国的亭卒发现他们的蔬菜越长越好了，后来仔细观察，发现有人帮助他们锄草浇水，而且发现是梁国亭卒干的，楚国边县的县令听到之后感到非常惭愧，于是他们就将这件事情报告给了楚王。

楚王听到这个消息之后，对梁国的人非常敬佩，特别准备了厚礼给梁王，一方面道歉，另一方面对对方表示了友好，结果使得敌对的两个国家建立了非常友好的关系。

其实一个人做事情只要站到对方的角度去考虑，那么就可以让对方也感觉到自己的情义和大度，可以化解双方之间的恩怨。一个能够推己及人的人能够得到别人的尊敬，更多的人愿意和这种人结交，而这种人的交际圈子就会越来越广，事业和人生将会更加顺利。站在别人的角度上考虑问题，可以让一个人获得成功。

站在别人的立场考虑问题

> 人，就是这样，总怪人家不了解自己，而对于自己是不是了解别人这个问题就不去考虑了。学会换位思考，善于站在别人的立场上考虑问题，是一个人成大事和获取成功的关键。
>
> ——南怀瑾

三国时期，著名的官渡之战中，曹操的军队远远不如袁绍的军队强大，但是袁绍是一个刚愎自用的人，他听不进别人的建议，所以一再错失良机；而曹操则是一个善于用兵、富有谋略、礼贤下士的人，最终他取得了这场战役的胜利。

在打败袁绍之后，曹操的军队在袁军的帐篷中找到了一些信件，从这些信件中发现，曹操手下的一些将士已经和袁绍在暗中勾结了，当时有人建议，找到这些写信的人后全部处死。

但是曹操不同意，他说："当初的确是袁绍的力量强大一些，我自己都感觉自身难保了，又怎么可以去责怪别人呢？如果我是他们，我估计也会这样做的。"

于是，曹操下令将那些信件看都不看全部烧毁，对于写信的人都不追究。原本那些人已经诚惶诚恐了，这下子他们都将心放到了肚子里，于是他们对曹操更加忠心，以后在战斗中更加卖力了。

曹操也是因为这种为人处世的态度而赢得了更多的人心，很多人都愿意投靠在他的麾下，为他效力。慢慢地，曹操的势力越来越大，手下的谋臣和战将越来越多，最后终于成为了割据一方的霸主。

人是感性动物，在处理一些事情上经常会依照自己的价值观以及思维方式来判断，所以很多人在对待自己和别人的时候就有了不同的标准。英国有一句谚语说：“要想知道别人的鞋子合不合脚，穿上别人的鞋子走一英里。”如果能够站在别人的角度去考虑问题，多为别人想一想，那么就会减少很多的不满和抱怨，会让自己的工作和生活变得更加愉快，让人和人之间的关系变得更加和谐。

很久以前，陕西关中平原的一位商人在宁夏的南部购买了一只鹦鹉，这只鹦鹉居然会讲人话，所以商人非常喜欢这只鹦鹉。有一次，这个商人因为犯了一点小事被当地的地方官抓捕入狱了，关了很多天才放出来。回家之后他非常不满意，于是整天唉声叹气。那只鹦鹉看到这个情景之后说：“先生只不过在监狱里关了那么几天就受不了，我在笼子里已经关了许多年了，那又该怎么办呢?”商人听到这句话之后若有所悟，于是就将鹦鹉带到宁夏的南部，将它放归山林了。以后商人每次经过宁夏南部，这只鹦鹉闻讯后都会赶来，就像阔别已久的老朋友一样聊天。

虽然这只是一则寓言故事，情节也非常简单，但是其中包含的含义却非常深刻。

人一直自诩为万物之灵，人除了物质方面的感受之外，还有精神层面的感受，所以人在处理事情的时候不仅要考虑自己，还要多考虑别人。

“己所不欲，勿施于人。”以将心比心的方式为别人着想，这也是中国传统的待人处世的原则。

这个道理看起来非常简单，但是操作起来、真正实施起来还是有一定难度，所以我们需要从每件事情入手。

在处理事情的时候，将自己当作别人，不管是一件小事，还是一句话都应该想到对别人有没有影响；对于自己的要求，想一想别人是不是也需要这方面的满足；对于自己的一些做法，想一想别人会有什么感受。“以自我为中心”的这种思想要摒弃，在和别人交往的过程中多想想别人，多站在别人的角度考虑问题，这样就不会出现不和谐的一幕。

如果能够将别人当作自己，这样就可以真实理解他人的想法和所求。对于任何人都是这样，哪怕这个人是曾经伤害过你的人，甚至这个人曾经是你的敌人，都要试着去理解他的行为和想法，都要能够谅解他做出的行为。而对于别人的不幸遭遇更要同情，在别人需要的时候给予对方帮助。

另外，在和他人相处的过程中要尊重别人的独立性，在任何情况下都不要去冒犯别人，更不能勉强别人做他不愿意干的事情。

不要迁怒于别人

> “不迁怒，不贰过”，这 6 个字我们一辈子都做不到。孔子也认为，除了颜回之外，三千弟子中，没有第二个人可做到。凡是人，都容易犯这 6 个字的毛病。“迁怒”，就是脾气会乱发，我们都有迁怒的经验……很多人挨过长官的骂，仔细研究一下，这位长官上午有件事弄不好，正在烦恼的时候，你再去找他，自然挨他的骂，这是被迁怒了。
>
> ——南怀瑾

南怀瑾曾在台湾创办“老古文化公司”，在这里会出版一些具有学术价值的书籍。当时南怀瑾先生担任董事长，而刘雨虹女士任总编辑。有一次，刘雨虹出差到北京，到了之后顺便和相关人士协商南怀瑾的《孟子旁通》、《老子他说》的出版事宜。在此之前，她已经和当地的某出版社协商过，对方也表示有很大的兴趣，只不过他们要看完之后再确定是否出版。

但是过了几天之后，刘雨虹得到了某出版社的拒绝消息，当时南怀瑾的书没有在大陆流传过，可能某出版社考虑到了销量问题，所以没有大胆尝试。

刘雨虹也是猜测对方考虑到了销量问题，但是后来她通过其他渠道打听到，原来某出版社将南怀瑾的这两本书送到了某位哲学教授那里，教授看完之后却不认可这两本书，所以最后某出版社拒绝了这两本书的出版。

刘雨虹就去问南怀瑾是否和这位教授有过过节，南怀瑾先生表示并没有什么过节，至于别人是不是反感他，他就不知道了。当然，南怀瑾对这件事情并不在意，后来这两本书在其他地方出版了。

南怀瑾讲到了“不迁怒，不贰过”这几个字，他认为这几个字很多人一生都无法做到。但是通过上面的小故事，我们可以看出南怀瑾先生已经做到了“不迁怒”。可能其他人会将自己的书无法出版归咎于这位哲学教授，但是他却不在意，甚至丝毫没有迁怒的迹象。

现在社会处于一个压力倍增的时代，当人们的压力无处释放的时候，只能迁怒于别人。就比如很多人都会迁怒于自己的亲人，不管是父母、子女还是爱人，这些事情都会经常发生。

其实从修养的角度来说，“不迁怒”是一种非常理想化的人格标准，可以说是一种完美的人生修养。南怀瑾就认为自己一生都无法做到，这些只有“圣人”能够做到。这种修养真的是很难达到，其实“迁怒”和心理学上的“踢猫效应”相近。

掌控自己的情绪和生活

情绪冲动、情绪失落都可以得到散发，引而不发，发而中节的可能性就大了，因此只有散财的价值观才有散发的情绪场。

——南怀瑾

什么是踢猫效应呢？就是一个总经理受到了董事长的批评，心里非常生气，于是找到部门经理大骂一通；部门经理同样回到自己的部门，然后将所有的下属都骂了一顿；一些下属回家之后看到自己的孩子在沙发上跳来跳去的，于是就把孩子也骂了一顿；孩子非常生气，于是就将身边的猫狠狠踹了一脚……这就是著名的“踢猫效应”，其实讲的就是坏情绪会不断传染下去。

其实在心理学中，一个人的情绪会受到周围的环境和一些偶然因素的影响，一旦某一个人的情绪变得很糟糕，那么他潜意识里会选择一些无法还击的弱小者进行发泄，然后这种情况会一直传递下去。其实通过这个情况我们可以看到，只要在最初的环节中能够控制，那么这种怒气就不会传递出来，从而也就阻止了“踢猫效应”的发生，自然也就不存在“迁怒”情况了。

首先，一个人要学会控制自己的情绪。

如果一个人的情绪处于失控边缘的时候，就要稍微冷静下来，不要着急去作决定，试着给自己找一些理由来宽慰自己。在处理一件事情的时候首先要处理好自己的情绪。一个人只有拥有了一个良好的心态才能够防止自己的情绪恶化，从而防止自己做出冲动和不理智的行为。人特别容易接受心理暗示，一个人不妨不断暗示自己，在遇到事情的时候要理智，或许就在自己转念一想的过程中，就能够消除自己的怨气，从而找到一种更适合的处理方式。

做事情的时候给自己一个理性的判断，这样可以化解一些不良的情绪，能够及时疏导和化解自己的怨气，同时也会让人忘记人际交往中的不愉快。

其次，一个人要能够承受压力。

一个人在迁怒于别人的时候，很大一部分原因是想推卸自己的责任或者将压力转嫁于别人。现代社会中竞争非常激烈，生存和发展的情况不容乐观，生活和工作中处处都有压力，所以每个人都需要学会控制压力，从而更好地面对外界的压力。如果自己承受了压力，那么就不会迁怒于别人，后面的事情自然就好控制很多。

第三，一个人要学会制怒。

迁怒其实就是将愤怒全部发泄到别人身上。所以如果学会了制怒，那么就会少一些迁怒。关于此，还有很多小方法可以帮助我们，我们不妨尝试一下。

我们可以通过意志力来控制愤怒，我们不断暗示自己不要发怒，让自己的体内少一些愤怒之气，那么愤怒自然就不会发生。

我们可以在愤怒的时候想一想愤怒之后失去理智所带来的不良后果，这样我们就可以有所忌惮。

我们可以将心中的一些愤懑和不平倾诉出去，然后从别人那里得到一些安慰和规劝，那么就可以化解怒气。

我们可以对激怒自己的人表示不满，将自己的不满告诉对方，将自己的意见说出来，这样可以有效控制自己的情绪，并且可以很好处理事情。

最后，我们还可以避开让我们生气的环境，离开了这个环境就少了很多刺激，这样我们的愤怒就会慢慢消退。

第四，一个人要懂得正确对待挫折。

人们在遇到挫折的时候，会身不由已地抱怨甚至诉苦，这些都是一种发泄手段，但是这都不可取。其实我们应该找到一种不妨碍别人的发泄手段，将心中的痛苦排解出来，然后再积极去改造自己的生活或者工作。只有这样才能够让自己走出挫折的阴影中。

在我们的生活中实际上有两种选择，要么正面面对这些情况，以一种乐观自信的态度去面对；另一方面则是眉头紧锁，以一种郁郁寡欢的态度去对待，这样的人最终只能成为失败者。

其实在人的一生中，不如意的事情非常多，任何人都有不称心的时候。如果这个人是心胸宽广的人，就算是生活中的一点稍不如意，他也能够及时安慰自己，并且正确面对。

如果能够在修炼自己修养的同时学会控制自己的情绪，那么就可以做到不迁怒的境界。

放下心中的妄念

观自在菩萨如此这般，细说般若观心法门，娓娓道来，无一不是为了要一切众生真放下，真解脱，真自在。

——南怀瑾

一个人烦恼的根源在什么地方？一个人痛苦的根源在什么地方？妄执。

所以很多禅师在讲究佛法的时候，就只有两个字——放下。但是很多人根本无法做到放下，很多人甚至在听了“放下”之后，每天都想着放下、放下，结果“放下”却成了他的又一个妄执，最终还是放不下。

南怀瑾有一个关系不错的朋友叫王启宗，他是台湾一所商业职业学校的教务长。王启宗做事非常负责任，将自己的全部精力都贡献给了学校。年复一年，王启宗变得越来越消瘦。南怀瑾很多次都劝说他退休，但是他一直认为自己有很重要的事情放不下，所以一直没有退休。

有一次，南怀瑾给他的学生们讲禅。他说：“很多人都不懂得放下，到老了也不知道放下，总是认为自己有忙不完的事情，年轻的时候为儿女忙，儿女大了就开始为儿女的儿女忙。但其实地球离开了任何人都照样转动，这个世界不缺少任何人。很多人就算是在离开这个世界的最后一刻都无法放下。”

当时王启宗就在讲座的现场，听到这里的时候，他悄悄站起身，走到外边去了。出去之后王启宗就给自己的爱人打了电话，让她去学校帮他办理退休的手续，他说：“我刚刚听了南怀瑾先生的讲话，感觉非常有道理，我退休之后工作肯定还有人干，说不定比我做得要好，我为什么不退休呢？”

南怀瑾还有一位姓周的朋友，在他90岁高龄的时候还不肯退休。曾经有一次，周先生前来拜访南怀瑾，他们在南怀瑾的房间里展开了一番对话：

“最近听说您要退休？您现在找到接手的人了吗？”

“现在还没有找到，因为一直都没有找到合适的人选。”

“到了您这个年纪，看到年轻人总是感觉他们的能力还不够，不敢放心将工作交给他们。其实我们年轻的时候和他们一样，没有积累这几十年的经验，怎么会自认为有能力呢？等到这些年轻人到您现在的年龄，自己就有您现在的能力了？您还是将这些都放下来，然后专心念佛吧。”

周先生听完之后明白了南怀瑾的意思，于是就将手头的一些工作转交给了一些年轻人，自己和夫人一起移居到美国的洛杉矶，他每天都认真念佛，安静度日。

南怀瑾先生一再劝告人们能够“放下”，但是真正能够放下的人又有多少呢？不过，南怀瑾能够劝说两位老朋友放下，让他们能够安享晚年，他本身也感觉非常欣慰。

放下执著，人生才能超脱

所谓舍得舍得,有舍才有得,舍与得从来就是不分离的两兄弟,没有舍哪来得。

——南怀瑾

现在的这个社会有太多诱惑人的东西，金钱、名利、权势……哪样东西不诱惑人？但是这些东西都属于身外之物，人的一生只有生命才是最真实的。但是很多人都在生活中面对到底要钱还是要命的选择，所以很多人活得都很痛苦。其实人生充满着苦恼，但是只要放下了执著，人生将会得到超脱。

关于“放下”，主要有以下几个方面：

首先，要将钱财放下。

这种“放下”非常潇洒，李白就在自己的《将进酒》中写道：“天生我材必有用，千金散尽还复来。”这就是一种非常洒脱的生活态度。

其次，要将名声放下。

这种“放下”非常超脱，反而是那些高智商和高思维能力的人会容易患上心理障碍。主要原因就是这些人都相对比较喜欢争强好胜，他们都将名声看得非常重要，甚至有时候会以自己的性命来博取“名”，其实放下这些，可以让自己变得洒脱。

第三，要将感情放下。

这种“放下”非常理智。其实人世间的“情”是一种说不清楚的东西，一旦一个人陷入到了感情纠葛之中，那么就会让自己失去理智。如果能够将感情放下，那么可以说是一种非常理智的做法。

第四，要将忧愁放下。

这种“放下”非常幸福。在我们的工作和生活中难免遇到这样或那样的忧愁。忧愁对我们的健康有很大的影响，其实我们可以像泰戈尔说的那样：“世界上的事情最好是一笑了之，不必用眼泪去冲洗。”放下心中的忧愁，淡然地看待周围的一切，这样算得上是一种非常幸福的做法，没有忧愁的人是最幸福的人。

最后，要将自己的心放下。

这种“放下”非常安宁。其实这种放下指的就是寻求一种内心的安静和心安。在现在的社会中不去享受外在物质带来的快乐是不现实的，但是要想让自己幸福和快乐，就需要依靠自己的内心而不是物质，所以我们需要认清主和次，如果我们放下心，那么就可以获得一种自然的生活态度，在这个过程中我们会得到更多的幸福和快乐。

禅宗云：“看破、放下、自在。”

不是将所有的东西都控制在自己的手中就是幸福、就是快乐。也不是拥有了很多的财富就是幸福。很多时候我们拥有了很多东西，而这些东西却会给我们带来烦恼，不管是烦恼还是财富，如果不懂得放下，只能让我们一生都受到煎熬和奴役。其实有些时候懂得放下反而是一种智慧，是一种不可多得的行为。放下一切，将所有的烦恼和痛苦以及财富全部放下，正确看待它们，淡泊地看待一切，那么我们就可以看到生活的曙光，就能够看到幸福的来临。

南怀瑾先生也一直劝导人们不要重视人生的痛楚和人生的苦难，因为这些都是暂时的，我们能够放得下财富、能够放得下自己的成功，那么同样我们也能够放得下自己的痛苦和挫折，正确面对人生，正确看待这一切，终会得到幸福和快乐。

不做独行侠，积极打开自己的人际网

古人所讲的党是乡党，包括了朋友在内。儒家思想，时常用到这个乡党的观念。古代宗法社会的乡党就是现代社会的人际关系。交朋友等社会人际的关系对一个人影响很大。

——南怀瑾

人绝对不会孤立地存在，他总是依托于一个团体。所以可以说每一个人都处在一个人际关系网中。如果一个人的人际关系非常好，那么当这个人遇到困难的时候，很多人都愿意去帮助他，他的工作效率也会高很多，在生活中也会比其他人幸福。根据一项统计表明，凡是拥有良好人际关系的人，能够让自己的工作成功率和个人幸福率达到85%以上。在一个人成功的因素之中，85%取决于自己的人际关系；15%取决于个人的知识、技术以及经验等因素。而据另一项数据显示，有人调查了4000个被解雇的人，其中有90%的人人际关系不好。

通过上面的这些数据可以看到人际关系的重要性，那么我们该如何打造人际关系呢？孔子曰："君子周而不比，小人比而不周。"南怀瑾先生非常认可这句话，他说："君子和小人有什么区别吗？君子在待人处世上对任何人都是一样，所以他周围有很多朋友；但是有些人对身边的人则是采取'比'的态度，凡是自己看顺眼的就结交，而自己看不顺眼的一律不理睬。"很多人做事情总是以自己为中心，完全不知道顾及别人，那么这种人的人际关系自然就不会好了。

查尔斯·詹姆斯在休斯顿的一家大银行工作，他奉命要完成某家公司的一个机密报告。查尔斯·詹姆斯想要从一家大工业公司的董事长那里拿到自己需要的资料，于是他找到了这位董事长。就在查尔斯·詹姆斯走进董事长办公室的时候，一个妇人正好从大门口经过，她对董事长说："我现在没有什么好邮票给你。"说完之后就离开了，董事长对查尔斯·詹姆斯解释说："我的儿子最近在收集邮票。"

查尔斯·詹姆斯笑了笑，然后将他的来意说明了。董事长对于他的要求含糊其辞，并不打算将自己知道的事情告诉查尔斯·詹姆斯。他们见面的时间非常短，没有任何效果。查尔斯·詹姆斯后来说："当时我真的不知道该怎么办了，后来我想到了那位妇人说的那句话，我就想到了我们银行内部有人从外地收集了很多邮票。"于是查尔斯·詹姆斯就回了银行。

第二天，查尔斯·詹姆斯又来到了这家公司找这位董事长，见面之后，查尔斯·詹姆斯直接告诉对方："我现在有很多邮票，而且都是国内见不到的，我现在要送给你的儿子。"这位董事长见到这些邮票之后非常开心，他知道他的儿子会喜欢这些邮票。他们花了很长时间谈论邮票，后来查尔斯·詹姆斯都没有对这位董事长说什么，这位董事长就将查尔斯·詹姆斯需要的东西全部给了他，而且两人还相互留了电话。

在很短的时间里，查尔斯·詹姆斯很好地处理了这件事情，更重要的是他借此打开了一条人际关系网，这将会是他以后的重要人脉。通过这个故事我们可以看出，投其所好是一种非常重要的维护人际关系的方法。如果你能够满足对方的要求，那么对方也会反过来满足你的要求，这样两个人之间的友谊就会建立起来，也为自己的人际关系网中增加了一个新的点。不过这种相互的满足一定是建立在遵守法律和道德的大前提下的。

距离让人际关系更和谐

从表面上看，孔子教学生的交朋友之道好像蛮滑头的样子，适可而止，不要过分。实际上，加上我们自己的经验，就知道孔子的话并不滑头。中国文化中友道的精神在于“规过劝善”，这是朋友的真正价值所在，有错误相互纠正，彼此向好的方向勉励，这就是真朋友，但规过劝善也有一定的限度。尤其是共事业的朋友更要注意。我们在历史上看到很多，知道实不可为，只好拂袖而去，走了以后，还保持朋友的感情。

——南怀瑾

如果想要建立一个良好的人际关系网还需要懂得尊重别人。每个人都有自己的尊严，在尊重了别人之后，才会得到别人的尊重。尊重别人是最基本的礼貌，同时也是和别人相处最基本的方法；我们也要以诚待人，如果一个人做事情总喜欢在背后使手段，或者尔虞我诈，那么自然就不会得到别人的亲近，一个真诚待人的人才能够成为大家喜欢的人。

人和人之间都有距离，但是比起人本身之间的距离，心灵上的遥远更无法消除；同时人和人之间的距离也是近的，如果取得了心灵上的沟通，那么就算是相隔再远也会有“天涯若比邻”的感觉。其实每两个人之间的距离最多通过 6 个人就可以找到联系。你不认识的人或许就是你最好的朋友的朋友。既然人和人之间都有关系，那么我们一定要保持好自己的人际关系。

很多人都渴望拥有良好的人际关系，但是很多人都不明白拥有良好人际关系的精髓，他们认为人际关系就是自己利用的地方，他们不懂得去维护自己的人际关系，只是一味索取，那么终究有一天，身边的朋友都会离他们而去。其实在打造自己人际关系的过程中要懂得宽容别人，因为一个拥有宽容之心的人是容易受到别人喜欢的人，而你对别人的宽容也能够换来别人对你的理解和宽容，那么，你的人际关系网就会越来越大，人际关系网变大了，朋友也会越来越多。真正的君子可以容得下任何人，在他们的世界里没有讨厌的人，他们可以以一颗平常的心态去对待任何人，能够宽容别人的行为，所以请记住：能够容得下任何人才是一个真正君子的作为。

第四章

海纳百川，有容乃大

——听南怀瑾讲胸怀

要以诚信为本

一个君子要指挥下面的人，需要他们做事的时候，必须先要建立起他们对自己的崇拜，当他们对自己有了崇拜，再要他们做事，虽然没有告诉他们所以然，他们仍会做到。当部下对自己还没有信仰的时候，要求他们过多，他们会以为是找他们麻烦……

——南怀瑾

子曰："人而无信，不知其可也。"

我们做任何事情都要注意守诚信，同时我们在和他人接触的过程中一定要相信别人。

作为一个成功的领导者总是懂得如何用人。一个成功的领导者不仅会主动相信自己的下属，而且能够让自己的下属相信自己，因为他只有这样做了，才能够有效带领自己的下属，要不然两者的合作肯定不够和谐。

子夏说："君子信而后劳其民，未信则以为厉己也；信而后谏，未信则以为谤己也。"第一句话是说如何管理。管理的第一步就是取得信任，这样之后的工作才好进行下去。

南怀瑾先生也阐述过这样的观点：如果一个领导无法在下属面前树立一种威信，那么当他安排工作的时候，就没有人愿意听从和执行了。其实在现实工作中，有很多领导本来就是说一套做一套，所以当他在台上强调言行一致的时候，你就会认为他说话很虚伪，这就是因为之前他没有给自己的下属留下信任。这种事情屡见不鲜。

一个聪明的领导能够做到“立信于人”，这样可以在办公室里创造一种良好的工作氛围。下属如果愿意信任自己的领导，而领导也的确值得下属去信任，那么下属的工作积极性会在很大程度上发挥出来，这样领导也树立了良好的口碑，之后的团队也具有了凝聚力。

曾经有一个很有才华的年轻人到一家大型企业做翻译，但是他并没有得到自己领导的信任，所以一直都没有得到重用。这个年轻人为了证明自己的能力，于是辞职去了一家刚起步的小公司。

这家小公司的领导在闲谈中发现这个年轻人是一个非常有开拓意识的人，而且才华横溢，于是非常欣赏他，经过一段时间的工作之后，领导对这个年轻人非常信任，在工作中对他倾囊相授，而且给这个年轻人很多锻炼的机会，后来慢慢让他独自去负责一些重要的业务。

这位年轻人非常感动，于是他也非常信任自己的领导，在工作中表现得更加积极了。有一天，领导告诉他有一个谈判进展得很不顺利，成功率还不到一半，领导希望这个年轻人能去谈判。

这个年轻人听完之后开始积极准备材料，他对这件事情非常重视，很快了解了整个事情，为之后的谈判打下了坚实的基础。

去谈判的当天，正好他们的领导有点事情不能去，于是告诉他：“你能谈成更好，如果谈不成也没有关系，权当是礼节上的交往。”

没有想到的是等到这个年轻人回来的时候，居然拿下了这个客户，成功签订了合同。领导非常惊讶，这个难啃的骨头居然被这个年轻人拿了下来，从此之后就更加相信这个年轻人了，后来这个年轻人在工作中大有作为。

其实，这个年轻人能够在工作中大显身手，和领导对他的信任分不开。也正是因为这个领导能够做到信任下属，才激发了这个年轻人工作的热情。

就像人们常说的一样，懂得让下属信任的领导，才能够得到下属的信任和努力工作。

所以说，如果想要做好管理，那么就要取信于人，而且要让别人相信。那么该如何做到这一点呢？

我们可以借鉴日本某企业实行的“金鱼缸”式的管理，这种管理方式就是将企业各级管理者的收入和报销情况全部公布出来，然后自觉接受所有职工的监督，他们的这种做法就像是“金鱼缸”一样透明。

如此一来，一方面可以让领导接受督促而洁身自好，而另一方面也能够得到职工的信任。不管是短期效应还是长期的效果都会对公司以及个人发展有很好的作用。

所以，如果想要在职工中树立一定的威信，让职工能够听信于你，从而支持你、听从你的指挥，首先要做的就是让自己成为一个取信于人的人，这样会发现在工作过程中会顺利很多。

能知人善任

> 一个领导人，对他的部下一定要了解，每人有长处也有短处……中国讲领导学，真正的领导者便是善于用人，而不一定自己懂得多。
>
> ——南怀瑾

不管是哪个层级的管理者，不仅要有自知之明，而且要能够知人善任，这样才能够将下属的全部才能都发挥出来。

自古以来，那些一代明君都是知人善任的人，他们能够做到人尽其才。

周文王曾经有一次带着自己的侍卫去打猎，在渭河的支流磻边遇上了一位白发苍苍的老头在垂钓，这个老头看上去已经有七八十岁了，他一边钓鱼，一边念叨着："愿意的就上钩吧！愿意的就上钩吧！"

周文王看到这一幕感觉非常奇怪，于是看着这个老头钓鱼，此时才发现这个老头并没有在钓鱼，因为他的鱼钩离水面还有一段距离，而且鱼钩是直的，上面也并没有什么鱼饵，出于好奇，周文王走过去和这个老头说话。

谈话中，周文王发现这个老头是一个博古通今的人，而且对时事很有见解。尤其是对当前的政治形势，老人都能够做到了如指掌，并且可以很透彻地分析局势；军事方面更是很有见地。文王听了一会儿之后感觉非常震撼。

当时的商纣王统治不得人心，老人对周文王说，商朝的气数已尽，他们的天下不会很久了。如果想要解除百姓的痛苦只有再出一位明君来推翻商朝了。

老人的这番话勾起了周文王的一段心事，也和他的想法不谋而合。这些年来周文王一直在寻找一个能够治国安邦的贤臣，这个老人现在让周文王眼前一亮。

周文王非常诚恳地对这个老人说："老人家，我寻找能够治国安邦的贤臣已经很久了，现在看到您特别合适，所以想请您辅助我治理国家，让百姓过上好日子。"

这个老人答应了周文王，随即和周文王一起进了都城。周文王先立这位老人为国师，后来又拜为国相，总管所有的政治和国事。老人并没有让文王失望，在他治理下的国家越来越强盛，百姓也得以安居乐业。

在这位老人的辅佐之下，周文王逐渐控制了2/3的天下，后来周文王去世，虽然自己没有完成灭商的愿望，但是这为后来他的儿子周武王姬发灭商奠定了很坚实的基础。而这位老人就是全天下皆知的姜子牙。

当时周文王并不因为姜子牙年纪大而轻视他，反而看到了他的才华，并且最后重用了他，让其帮助他辅佐政治，并且逐渐扩大了自己的统治势力，为之后武王伐纣奠定了基础。通过这个小故事可以看出周文王是一个知人善任的大王。一个贤明的领导一定要做到能够知人善任，不要让自己下属的才能被磨灭。

南怀瑾先生曾经深入研究了中国古代的人才选拔制度，他发现在中国古代一旦一个朝代稳定了下来，那么在选拔人才上就会出现不公平，而且也没有办法让所有的人才都尽其所能，所以一些古代的朝廷中总是有很多臃肿的机构，同时也会有很多贤能之士无法得到重用。这些和当时的领导者不无关系。

所以，南怀瑾先生推崇知人善任，不要因为门第之见而忽略人才的存在，同时也不要因为自己的片面认识而让一个人才找不到发挥自己才能的地方。其实在很多企业或者行政部门中总是存在这样的问题：该用这种人的地方却用了那种人；该用那种人的地方却用了这种人，使得工作无法完成，甚至让工作出错的可能性增加，优秀的人才也总是被埋没。

坚持知人善任的原则

能认识这个人，了解他可以负担什么任务，然后才能交代事情给他去做。“知人善任”最难，能做到这四个字，就是一个好的领袖人物了。

——南怀瑾

那么一个管理者该如何做到知人善任呢？关于这个问题，南怀瑾先生给我们提出了一些有用的建议。

南怀瑾先生讲到要知人善任最应该将一个人看明确。而看一个人不仅要看他的知识，还应该重视他的气度，以及他在气度上有什么缺陷，那么这样对这个人的任用就能够做到“知人善任”了。比如说一个人的涵养很高，总是能够包容别人的过错，那么这种人如果用在了财物管理上，他大度的气质反而成为了他的弊端。要是去给公司收账，他就会一味忍让对方，结果公司的账无法收回。如果对方知道了这个人大度，那么账恐怕永远都不能收回来了。所以看一个人要全面看。

南怀瑾先生还讲到看一个人就像是辨物，那些看起来像真品的赝品最让人头疼。比如我们遇到一块石头的时候就很明确知道它是石头，但是如果我们遇到的是一块像玉的石头，这就会让我们陷入两难境地，到底是将它作为石头丢掉呢，还是将它作为玉保留下来？所以我们在知人善任的时候也要注意这个问题，看看我们遇到的是玉还是只是看起来像玉的石头。

一个管理者用人也有技巧，要让自己拥有一双慧眼，而且还要懂得知人善任，给每个下属一个适合自己的岗位，这样就可以发挥出他的才智，而且能够避开他的缺点。

管理不能只局限于惩罚

> 人并不是绝对怕死的，为政不用道德来感化，只用杀戮来威胁，是绝对压不住的……应该以自己的道德来做领导。你自己用善心来行事，下面的风气自然跟着善化了。
>
> ——南怀瑾

《道德经》第七十四章写道：“民不畏死，奈何以死惧之？若使民常畏死，而为奇者，吾得执而杀之，孰敢？若民常且必畏死，常有司杀者。夫代司杀者杀，是谓代大匠斫。夫代大匠斫者，希有不伤其手矣。”

南怀瑾先生曾经解释这句话说：既然民众不惧怕死亡的危险，那么又怎么可能利用死亡来威胁民众呢？如果能够让民众害怕死亡，对那些为非作歹之人处以极刑，那么自然就没有人敢犯上作乱了。如果民众过着正常的生活，那么就肯定怕死，就常设主宰生杀权的司法机构，如果取代司法大全而主宰生杀权，就好比是取代了林木工匠去砍伐，这样会伤到自己手指的。

所以由此看来，惩罚并不是最有效的管理方式。如果连死亡都不畏惧，那么无论采取多么严酷的刑罚对于他来说都没有任何意义，一点作用都没有。有时候惩罚越重，反而会激起他们的反抗心理。这样做不但得不到预期的效果，甚至有可能造成不堪设想的后果。就比如在监狱中，犯人如果惩罚太重，很有可能造成他们反抗。

老子曾经提出过“民不畏死，奈何以死惧之”的反问，其实和这种观点不谋而合。任何形式的管理都是这样的，所以将南怀瑾先生的这种观点加以延伸，我们就可以看到作为一个领导，一旦下属犯下了错误，除了给予一定的惩罚之外，还应该通过道德的方式来感化他。

当然，人们都知道一个人之所以犯下错误并不一定是因为道德上的缺陷，很有可能是本人的能力有限，所以惩罚就不一定有效果。我们来看一个故事，通过这个故事来看看还有什么更好的办法来处理。

1770年，英国占领了澳大利亚，澳大利亚成为了英国的殖民地。为了能够利用好这块殖民地，所以英国人将犯过错误的囚犯运往澳大利亚，这样做一方面可以缓解英国本土监狱的压力，另外可以给澳大利亚输送一些劳动力，可以说是一举两得的事情。

这次运送罪犯的工作，英国政府交给了一个私人船主，当然，这位船主得到了高昂的运费。运费的计算方式是以上船的人数来计算的，也就是说送了多少人，收多少钱。

为了节省成本，英国的这个私人船主给罪犯提供的条件非常差，所以在运送的过程中，罪犯的死亡率非常高。为了能够改善这个问题，官员们先后想出了好几个方案：

第一种，他们想要通过感化的方式让船主良心发现，从而给他们提供较为好一些的饮食和住宿条件。但是船主为了节省成本，根本不会顾及道德和良心，所以这一条根本无法成立。

第二种，他们希望政府能够实施监督和管理，通过一些法律条文式的手段来确定他们享有的权利，并且希望相关的政府官员能够在船上监督。他们想通过法律的方法来保障他们应得的权利，以让船主有所收敛。但是这个方案也行不通，因为这样做要么会让监督的官员和船主勾结，要么会让船主铤而走险，最终使得罪犯的待遇变得更差。

第三种，政府不再根据上船时运送罪犯的人数支付费用，而是按照，到达澳大利亚的罪犯人数来付费，如果路上有罪犯死亡还要扣除一部分的费用；而如果到达的人数一个都没有减少，政府还给船主额外加一些奖励。政府最终选择了这个方案，最终罪犯的死亡率大大降低。

通过这个故事我们可以看到，粗暴、简单的惩罚根本解决不了任何问题，反而采用奖励的方式才能够让事情有所改观。

妥善借力，不可借蛮力

因为用剑对敌全赖巧劲，亦近于取巧。从人类文化方面的演变，就可看到武功进展的轨迹了。

——南怀瑾

在南怀瑾先生的一生中比较痛斥李斯的老鼠哲学，而且直言不讳地说：“李斯这混蛋遇到了秦始皇这个人，所以两个人将一个国家搞得民不聊生。”那么为什么南怀瑾先生一直痛斥李斯的老鼠哲学呢？我们先来看一看李斯的老鼠哲学到底是什么。

年轻时的李斯家境贫寒，那个时候，他跟从荀子学习知识。根据《史记》中记载，李斯还是一个小吏的时候，有一天他上厕所看到粪坑里有几只小老鼠，而且长得非常瘦小，老鼠看到人之后就仓皇逃走了，样子看起来非常可怜。后来有一次李斯又经过粮仓，同样看到了几只老鼠，但是这些老鼠各个又肥又大，而且看到人不但不跑，反而显得非常神气。

李斯想到了这两次看到老鼠的事，琢磨了很久之后终于悟出了一个道理：

耻辱莫大于卑贱，悲哀莫大于贫困。厕所里的老鼠只能吃粪便，看到人之后非常害怕，总是生活在惊恐之中；而粮仓里的老鼠有很多粮食吃，而且人都不会去打扰它们。通过这些反观人也是这样，所处的环境对一个人的发展非常重要。

李斯认为厕所里面的老鼠看到人就跑，是因为它们没有什么可以“凭借”；而粮仓中的老鼠看到人之后还那么神气，那是因为它们有所“凭借”。

李斯悟出这个道理之后于是去问他的老师荀子，荀子听了李斯的看法之后非常生气，他认为这个学生的思想非常糟糕，放弃了这个学生。而李斯最终也告别了他的老师。李斯认为：“处卑贱之位而计不为者，此禽鹿视肉，人面而能强行者耳。故诟莫大于卑贱，而悲莫甚于穷困。久处卑贱之位，困苦之地，非世而恶利，自托于无为，此非士之情也。”这就是李斯的老鼠哲学。

最后，就像南怀瑾先生说的一样，李斯和秦始皇“鼠目寸光”，只是看到了老鼠哲学，不重视仁义道德，在秦始皇死后，李斯也性命难保，所以李斯被处斩的时候，他对自己的儿子说：“现在什么都已经晚了。”

所以，我们可以看到，李斯的老鼠哲学虽然短时间内取得了一定的成功，但是这仅仅是暂时的，一旦失去凭借的时候，他连自己的性命都没有保全。尤其要注意的是李斯的成功是一种小人得志，他越得志对百姓和国家的祸害就越大，而且李斯凭借自己的老鼠哲学取得成功在历史上也是一次非常偶然的情况。

凡事靠自己，从正道上来

人与人在学习中或工作中纵然会有这样那样的联系，在这种互相影响的关系中，一定要依靠自己的能力和力量不断进步。与其靠别人施舍，不如靠自己去发愤，只有自己才真正靠得住。

——南怀瑾

我们可以想到一句话：“斯人已去，后人鉴之。”尤其是我们现在的工作中，李斯的老鼠哲学应该规避和摒弃。但是很多人都在奉行李斯的这种哲学态度，并且总是因此引以为傲，其实不知道他们的这种成功是建立在伤害别人的基础上的，用南怀瑾先生的话来说就是“不知仁义道德为何物”。

李斯的老鼠哲学就是只看重眼前的利益，他甚至对之前的同窗韩非进行大肆迫害；而历史上臭名昭著的“焚书坑儒”也是李斯提出来的……在我们现在的工作中，这样的人大有人在。比如很多人为了能够在和同事的竞争中脱颖而出而不惜明枪暗箭，甚至钩心斗角，即便自己最后得到了自己渴望的东西，但是他们却忘记了礼义廉耻。为了能够取胜不惜伤害别人，甚至丧失天良，这种做法让人感到羞耻。

所以在我们的工作中，我们应该摒弃李斯的老鼠哲学，以免让自己变成一个小人得志的人。这不仅对整个企业不利，而且从长远的角度来看，我们其实是在搬起石头砸自己的脚，最终我们会为此而付出代价。

我们仔细想想，假如我们奉行李斯的老鼠哲学，一时间让我们很风光，得到了提拔和重用，但是人最终还是要依靠自己，这才是王道，尤其是在工作中，如果我们奉行的是老鼠哲学，时间久了弊端性就会显现。

要做事就要认真对待

> 耕种田地，只问耕耘不问收获。好好地努力，生活总可以过得去。只要努力求学问，有真学问不怕没有前途、没有位置，不怕被埋没。……一个为国家与社会做贡献的人，不问眼前的利益，只问自己应该做或不应该做。甚至今天播下的种子，哪一天发芽、哪一天结果都不知道。播下了种子，终有一天会有成果的。
>
> ——南怀瑾

其实一件事情，不管我们最终能不能取得成功，只要我们现在肯努力去做，只要我们认真去做，那最终会让我们自己问心无愧。

南怀瑾先生熟读中国文化典籍几千册，其中包括《道藏》、《大藏经》、《四库全书》、《古今图书集成》等，他非常努力地学习了很多知识，目的就是为了能够终有一天传播中国文化，能够弘扬中国的传统文化。他四处讲解中国文化，处处教导别人。在台湾的时候，他先后任教于政治大学、辅仁大学、中国文化大学，对传播中国文化做出了很大的贡献，但是他总是默默奉献，从来不要求什么回报，更不计较个人得失。

其实，南怀瑾先生自己知道，耕耘的过程就是收获的过程，因为他能够体会到耕耘中的快乐。一些有人生经验的人都会发现，往往人生中最快乐的时候是追求的过程，而并不一定是结果。我们应该全力追求结果，但是对于追求的过程同样要看重，因为这个过程也值得我们感到快乐。当然，耕耘的过程也不会简单，同样需要我们付出努力。

首先，任何事情的耕耘都需要坚持下去。

很多时候一件事情重要的并不是量，而是能够坚持多久。很多人在做事情的时候总是反感重复，认为这种重复没有任何意义，所以经常会半途而废，我们在工作中一定要摒弃这种思想。

其次，任何事情的耕耘都需要耐心。

在我们的工作和生活中往往会遇到一些人总是希望自己的成功来得快一些，他们总是渴望一举成功。这种急躁的暴发户心理并不能保证自己成功。事实上，凡是在工作中取得成功的人都是一点一滴去做的，都极具耐心。如果不具备耐心，那么就会让自己陷入一事无成的境地中。

第三，耕耘的过程还需要不断刷新自己的目标。

耕耘的过程中，我们需要给自己设立一个目标，当达到一个目标之后，就需要给自己重新设置一个目标，然后再次接受挑战，去完成这个目标。一个梦想实现之后就应该向下一个目标前进，要让自己处于不断更新目标的过程中。

最后，耕耘的过程是一个忠诚的过程，不要计较工作中的得失。

在我们的工作中，同样可以讲求只看耕耘，而不看结果。只不过在这里我们可以换一种说法，那就是“忠诚”。但是很多人认为如果在工作中只看耕耘过程而不看结果，会让自己沦落到没有饭吃的地步。其实不然，如果你是一个不计较个人得失的人，那么慢慢地管理者就会更加信任你，从而给你更重要的位置，你又怎么可能沦落到没有饭吃的地步呢？一个企业中有三种人是企业管理者不能缺少的。

第一种是能够做到忠诚，而且能够主动承担责任，不需要管理者监督就能够顺利完成工作，并且得到管理者信任的人。

第二种人同样是忠诚的人，他们能够及时为管理者分忧解难，能够找准时机创造自己的价值，让管理者省心，这种人能够得到管理者的提拔。

第三种人还是忠诚的人，他们能够将企业中的事情当成自己的事情，能够为了团队利益而不计较自己的得失，这种人让管理者非常感动，他们自然不需要担心管理者会炒他们的鱿鱼。

其实这个世界遵循的是一分耕耘一分收获，反而是那些不计较个人得失的人最终能够获得更大的收获。而你越是计较，则失去得越多。耕耘的过程本来就包含着收获。

遵从于人性来协调问题

> 中国有句老话“人心不同，各如其面”。全世界几十亿人，同样都是眼睛、鼻子、嘴巴，但没有两个人完全相同，即使双胞胎，面貌、思想、个性，各不相同，这两句话就是人性问题，非常奇妙。
>
> ——南怀瑾

在人类思想史上一直有人在研究什么是人性。到底是人性本善，还是人性本恶一直都说不清楚。孟子曾经提出了“性善”论，孟子认为：“恻隐之心、羞恶之心、恭敬之心、是非之心，人皆有之。”根据这个观点，他提出人性本善，并且进一步说明：“人性之善也，犹水之就下。人无有不善，水无有不下。”根据这个观点，南怀瑾先生认为：“但以水就下，肯定人性的本善，确有待商榷的余地。”

其实关于人性的争论，从古至今都没有停止过，也一直没有定论。南怀瑾先生对这个问题深有研究，他曾经指出，人们一直讲到的人性其实就是先天——形而上——父母未生以前的本性。或者是指有了生命以后的人性……如果以有了生命以后的人性来说善恶，孟子、告子、荀子、扬雄，乃至王阳明诸家的说法都有理由可以成立。但是令人惋惜的是，这些都是和遗传学、心理学、教育心理学等有关的问题。至于真正意义上的哲学，本体论还没有说法涉及。

其实我们大可以抛开关于人性善恶的问题，我们需要明确的是，在人生的路上，在和他人打交道的时候，我们只要能够识别人性就足够了。我们身边的人，到底是善的还是恶的，对我们的影响非常大。就像近朱者赤，近墨者黑。而且很多时候我们身边的人决定了我们的处境。

职场就是一个小社会，我们需要和很多人去打交道，如果我们不会识别人性，那么就会影响到我们的工作，甚至会影响到我们的切身利益。比如说，我们是一位管理者，如果不能看清楚自己下属的人性，一旦将公司中一些重要的文件交给他来保管，结果这个靠不住的下属很有可能将这些机密的文件泄露出去；假如对方是一个能够靠得住的人，那么就会更加加深双方的信任，最终而得到一个可靠的助手。

所以说在职场中能够看透人性非常关键，尤其是作为管理者，一定要懂得看清人性，然后给自己培养得力的助手。而作为一名普通的员工，认识清楚人性也很重要，我们一定要懂得什么人值得亲近，什么人需要敬而远之，这些的前提都是以认识人性为立足点。

想要看清人性，就要从对方的为人处世的方式和原则上入手，同时也可以从对方的行为举止上入手。一个人内心有什么想法和变化，都会多多少少表现出来一些，就像“内诚则显于外”说的一样。

在人们的日常工作之中遇到一些摩擦是不可避免的，这个时候我们更应该从人性入手看清楚对方，如果只是无意识的摩擦，那么就可以大事化小，小事化了，没有必要再去纠结下去。当然，如果涉及了原则的问题，那么就不应该去做了。

在职场之中我们要懂得看清楚人性和人心，从而营造出一种和谐的工作氛围。

空话成就不了大事

"问舍求天本无大志，掀天揭地方是奇才"，那才是人生的目标。

——南怀瑾

子贡问孔子什么是君子，怎样做一个君子，子曰："先行其言而后从之。"

孔子认为，一个真正的君子总是先去实践自己想要说的话，然后再将这句话说出来。

其实，南怀瑾先生在这里认为，如果一个人想要成为君子，那么就应该将实际行动放在语言的前面，不要只知道乱吹牛而不知道踏实去做事。一个人不管做什么事情，不管他的能力有多大，如果只是停留在语言上，那么他始终都无法做成事情。

南怀瑾先生曾经讲到人的心理都一样，都喜欢吹嘘一些事情，但是这些吹嘘的语言很少会被实现。虽然每个人都有理想，但是能够为自己的理想不懈奋斗的人却很少。大部分人将理想只是视为一句空话，很显然这种行为不可取。一个只会讲大话的人不是真正的君子，而这样的人因为没有真才实学，更没有奋斗精神，久而久之会成为别人的笑柄。

《伊索寓言》就记载了这样一个关于蚯蚓和狐狸的故事。

在森林里住着很多动物，有一只蚯蚓看到其他的动物本领都很高强，所以心生羡慕，想到自己每天只能待在阴暗潮湿的地下，心里很不是滋味，所以它认为自己一点本事都没有，感觉非常伤心。

有一天，蚯蚓从泥土中爬出来透气，正好看到森林里动物们正在聚会，蚯蚓就想借助这个机会展示一下自己的本事，好让其他的动物对它刮目相看，于是它慢慢爬到大家的中间，然后对动物们说："你们好，我精通医术，而且能够治疗很多病，我的医术非常高明。"那些动物听到蚯蚓的话之后非常疑惑，于是狐狸笑着对它说："既然你有这么高明的医术，那你为什么不将自己的脚先治好呢?"蚯蚓听到这句话之后非常羞愧，立马钻到土里面去了。

吹牛的人所吹的牛皮其实和假话、空话一样没有说服力，难以让别人相信。一个真正做事情的人总是将行为做在前面，而将语言放在最后面。就像南怀瑾说的一样，古今中外这么多人的心理其实都是一样的，大多数人都喜欢吹牛皮，而很少有人去做实事；有理想的人很多，而真正去实现自己理想的人则不多。

有了理想就必须踏实去实现

如要踏实修行，循序渐进，不可略过。

——南怀瑾

曾经有一个人非常高兴地找到哲人然后对他说："哲人，我想要告诉你一个消息……"

"请等一下，"这位哲人打断了来人的说话，然后说，"你要告诉我的话，是经过3个筛子筛过的吗?"

这个人很诧异，于是问哲人："筛子？什么筛子？哪来的什么3个筛子?"

看着来人一脸茫然的样子，哲人说：“第一个筛子叫做真实，我首先要确定你告诉我的消息是不是真实的。”

来人于是回答说：“真实性我不确定，但是这个消息我是从街上听来的。”

哲人继续说道：“还有第二个筛子，如果你告诉我的消息不一定是真实的，那么起码是善意的吧？”

来人则说：“不是的，而且正好相反。”

哲人于是说：“那么再用第三个筛子过滤一下，你这么激动地想要告诉我这件事情，难道这件事情对你或者对我很重要吗？”

来人则回答说：“和我们两个人都没有关系。”

于是哲人继续说：“既然你告诉我的事情你不确定是不是真实的，而且又不是善意的，还和你我没有关系，那么我为什么要听这件事情呢？那么你也不要说了，这样的话，你的语言不会困扰你和我的。”

其实每个人都是一样，说每一句话的时候首先应该用“真实”、“善意”、“重要”来筛一下自己的话，经过筛选之后我们就会发现我们应该管理好自己的嘴巴，一些没有意义的话就不要说了。人生的大部分时间和精力应该放在踏实做事上，而不是说一些没有意义的话。

南怀瑾认为孔子之所以能够成为世人敬仰的圣人，以及能够得到世人尊敬的原因，就是他将自己的大部分时间都用来做实事了，而不是一味吹嘘或者做一些无关痛痒的高谈阔论。人的一生很短暂，我们应该抓住时间去做一些有意义的事情，而不是整天侃侃而谈。

其实对于处世哲学，首要的就是不能弄虚作假，也要提防“乐极生悲”。这些都是前人总结了很久的经验，对我们的人生有指导作用。如果世界上所有人都在玩心计、吹牛皮，那么最后成功的肯定都是踏实做事的人。

南怀瑾一生都在提倡踏实做事，他自己也讲过“规规矩矩吃饭，规规矩矩穿衣”，就连生活中的一些小事他都要求自己的学生认真去做。

认认真真、踏踏实实做好每一件事情，就算是生活中的一些小事，我们都应该认真去完成。一个懂得认真做事的人，其实是一个热爱生活并懂得享受生活的人。这种人虽然平凡，但是他们绝对不平庸，因为他们的生命会因为他们的认真而充实。这样的人不会虚度年华，他们的认真对待能够在之后为他们带来意想不到的好处。

看穿人情，不能太远也不能太近

> 世间最难揣摩的就是人心，与人相处的学问一生也学不尽，这几乎成为我们处世的无间道了。
>
> ——南怀瑾

南怀瑾先生是一代国学大师，他对儒学、佛学和道家都有很深刻的认识，他是这个虚浮时代里的一位旷世贤者。他曾经对《庄子·人间世》中的“意有所至，而爱有所亡。可不慎邪?”做了一番解释，他说：“任何一个人都有自己的意志，当他关注一件事情或者爱好一件事情的时候就不会轻易被改变，任何东西都无法改变他。所以有时候明明知道是为了他好，他们自己也知道，但就是出于自己的这种爱好和偏执而无法改变。”其实我们从这些话语中可以看到：世界上最难的事情就是人和人之间的相处，不管是夫妻关系、父母之间的关系还是兄弟姐妹之间的关系，都需要保持一定的距离。也就是说，虽然平常很亲密，但是都要给彼此留足空间，如果两个人太过于亲密，那么一旦处理不好，最终就很有可能给自己带来伤害。

在职场之中，我们尤其要记住南怀瑾先生的教诲——世界上最难以揣摩的就是人心。职场是一个比较工作能力的地方，同时更是识别人心的地方。

不管你是初出茅庐的年轻人，还是深谙人情世故的中年人，对于人心的把握，始终是职场生存的一门必修课。

在职场之中，我们要善于把握人心，对于关系好的人，我们要适可而止，适当给对方和自己留足空间；而一旦关系不好了，那么就不要针锋相对，适当避让一些。尤其是对于那些明着一套，而背地里又是一套的人，我们就更应该看清楚，以免遭受他们的侵害。俗话说，害人之心不可有，防人之心不可无。

我们做到了这些就可以适当处理人际关系了，我们的工作也就会变得顺畅，工作中的人际关系自然能够处理得当了。

第五章

洞悉人性，拿捏分寸

——听南怀瑾讲管理

要有自己的原则

一个人应该知道自己要做个什么样的人。没有立脚点的人，浮沉于世间，水高了就浮上来，低了就沉下去。

——南怀瑾

管理是一门非常复杂的学问，现代企业者，或者一些管理者都应该注意到这一点。管理中有太多的学问值得我们去学习。

而古往今来，很多成功或者失败的先例都值得我们去借鉴。

无论是企业管理还是一些商业行为，一定要做到诚信。人无信不立，如果一个人连诚信都做不到，不但得不到对方的肯定，最终就是身边的人一个个离你而去。

关于管理这门必修课，值得我们好好学习。

在我们的工作和生活中总是能够遇到一些人，他们在面对事情的时候总是表现得不知所措，他们没有自己的原则。

比如历史上出现的那些民族败类，他们没有任何的责任心和良知，甚至连一点尊严都没有。在社会太平的时候，他们只是躲藏在社会的角落中，一点都不敢放肆；而到了时局混乱的时候，他们就蠢蠢欲动，渴望着兴风作浪。这样的人无法融入这个社会，甚至会得到别人的唾弃，会被历史的车轮所碾碎。

再比如社会中总有一些投机分子，他们没有一定的善恶观念，做事情不择手段，只有实现了自己的罪恶念头才肯罢手，他们的行为不被人认同，最后会落到人人喊打的地步。

其实一个人应该确定自己的价值观，拥有正确的思想，这样才能够成就不凡的事业，他们所做出的事情，包括他们的精神会得到后人的尊敬。

在楚汉相争的时候，萧何镇守关中，他安置了很多流民，并且恢复了农业生产，颁布了一些维持秩序的法令，他的这些做法不仅为刘邦巩固势力奠定了基础，而且保障了前线的物资的补给，最终为取得胜利立下了大功。

现今事业如日中天的海尔集团曾经一度濒临倒闭，他们开始在产品质量和技术创新上发力，逐渐成为了全国家电行业的龙头老大。

我们在工作和生活中应该把握好自己的立脚点，这样在我们的未来发展中就能够做到有的放矢。

我们只有知道自己的目标在什么地方、我们的希望在什么地方，我们就可以沿着这条路发展下去，从而取得不错的成绩。

我国伟大的教育家陶行知先生在少年的时候就立志成为一个改变中国贫穷面貌的人物，他非常同情受剥削的广大中国农民。等到成年之后，他极力推行平民教育，而且创办了一些社团，为中国的教育事业乃至整个国家的民族解放事业做出了不可磨灭的贡献，算得上是中国近现代教育史上的一位伟人。

陶行知一直认为与其给学生知识，像填鸭一样给他们知识，还不如给他们几把钥匙，让他们自己去挖掘开发文化的宝藏。他的这种观点站在了一个很高的教育立脚点上，具有很深刻的意义。

毛泽东认为陶行知是一位“伟大的人民教育家”；而郭沫若说他是“两千年前的孔仲尼，两千年后的陶行知”，由此可见陶行知在教育行业的贡献。而且陶行知先生的这种教育方面的思想不仅属于中国，也属于全世界。

陶行知认为人就像是树木一样，要尽量让他们生长，不要勉强所有的树木都长得一样高，在立脚点上倒是可以求平等。

这种观点没有错，我们不仅要找到适合自己的立脚点，而且要尽量追求立脚点上的平等。就好比我们追求平等的受教育权一样，在同一个起跑线上赛跑，是我们追求和谐统一的一项重要指标。

如果丧失了立脚点，我们就只能在这个世间飘荡，不能够抓住自己想要的事物；而如果有了立脚点，我们就有了根，我们就有了赖以生存和发展的根据地，我们就可以进退自如。

很多人都在冥思苦想，而且一直在投身于实践之中，想要找到自己的立脚点，我们可能需要经过很长时间的折腾才能够做到，但是我们所经过的这些努力都是值得的。

如果我们有了属于自己的立脚点，那么我们就不会像风中的风筝一样到处飘荡，更不会像浮萍一样随波逐流。

那么我们所要求的这个立脚点是什么呢？其实就是人们对事物的正确认识，以及判断事情的正确途径。如果我们有了这个立脚点，我们就会拥有正确的人生价值观，内心深处就会拥有自信，就能够获得一种积极的进取精神。

反求诸己，提升自我

人要真正达到没有毛病，就要善于补过，自己随时反省自己，随时随地要能检查出自己每一方面的错误，随时随地检查自己的毛病。只有这样，人才能无咎。

——南怀瑾

“金无足赤，人无完人。”在这个世界上没有完美无缺的人，人们在品格、工作以及家庭等方面中或多或少会有一些瑕疵。既然面对这样或那样的不足，我们就需要时刻反省自己，从而弥补自己的过失，最终塑造完美的品格和完美的一切。

夏朝时，有扈氏部落发生了叛乱，他们带领着军队侵占了夏朝的领土。

面对敌人的推进，大禹派出了自己的儿子启带着军队前去抗敌，但是出师不利，启的军队被对方打败，他放弃了进攻，但是他的很多部下并不认可他的这个决定，希望他能够率领军队继续进攻。启说："我们的士兵要多于有扈氏，而且地域也比有扈氏的广阔，那么我们为什么还会失败呢？就是因为我们在品德方面比不上对方，带兵的方法也比不上对方，所以我们需要反省自己的行为，然后努力改正自己的过错，然后再去抗敌。"

从此之后，启一大早起床之后就开始处理一些事务，而且吃的饭都很简单，穿的衣服也很简单，他时刻关注着老百姓的衣食住行，对官吏的提拔和选择也特别重视。经过一段时间之后，有扈氏的人都知道了启的功德，于是再也没有侵犯过夏的领土，主动向启投降了。

一个人如果能够完善自己的品德，能够找到自己身上的毛病，然后积极改正，那么我们就可以取得像启一样的功绩。

孔子说过"见贤思齐焉，见不贤而内自省也"。一个人如果看到比自己贤能的人就要尽量以其为榜样，努力赶上；而看到了不如自己贤能的人，那么就应该积极汲取经验，尽量不要步其后尘。

古往今来，一些在事业中取得成功的人都是能够积极反省的人，他们能够时刻检查自己的行为，以及注意自身的过失，才能够取得一番事业。

清末的中兴名臣曾国藩总结的身处高位的规律有 3 点：不参与、无结局与不胜任。因为曾国藩认为一个人的位置越高，那么失败的可能性就会更大，最终发生悲剧的可能性也会增加。所以人们每一次升职都应该注意，要比之前谨慎 10 倍以上，要不然就很容易发生可怕的后果。也正是因为这样，曾国藩虽然身居高位，对朝廷又有很大的功劳，但是他始终不断反省自己，丝毫不敢有懈怠。

学会自察才能

如何认识自己的“宝物”呢?这需要修炼眼力和心性;如何运用自己的宝物呢?这需要修炼能力和心态。

——南怀瑾

反省和自察是一个自我否定的过程，也是一个自我重新认识的过程，所以具有这种素质的人应该具备自我否定的精神。对于那些骄傲自满，而且目空一切的人来说，这种素质很难体现出来。这些人一旦面对困境的时候，他们就会将责任全部推卸给别人，甚至无所顾忌地伤害别人，在这些人的心中，对别人的成就更是无法容忍，所以他们不会有否定自身、变革自身的勇气。

而一个懂得反省精神的人都是对自己非常严谨的人，这些人都能够时刻找到自己的缺点和不足，能够不断弥补自身的不足。他们都懂得听从别人的意见，而且非常谦逊，从中找到适合自己发展的建议，以使自己达到更高的水平。

英国的一位诗人曾经说过：能够自省的人，就不一定是庸俗的人。所以说一个能够自省的人能够拥有自信、大方和谦虚的精神，他们在不断提升自己，同时也在不断感染别人，从而给别人更健康的氛围。

一个人如果想要取得成功就需要不断反省自己，要有这种反省的精神。我们要时刻检查自己的人生观和价值观，并且对此进行不断反问，从而找到自己言行方面的错误。只有经过这样的过程，我们才能够找到不足，然后有更大的发展。

人们总是为了功名利禄而忙碌，他们其实缺少的就是一种反省的精神和勇气，所以我们在奔波了很久之后会发现我们一无所得，就算是少有的成就也是偶然所得。

其实，我们在发展的过程中应该注意梳理自己的心情，能够不断反省自己，找到自己的优点，并且看到自己的缺点，积极弥补自己的过失。只有这样我们的工作和学习才会更加积极，并最终取得成果。

凡事先想着靠自己

> 靠自己，自助者天助。自己保佑自己，上帝才能保佑你，一切来自自立。他认为要自助才能天助，能够自立自强的人，才能大吉大利。
>
> ——南怀瑾

曾经有一只小蜗牛问它妈妈说：“我们背上的壳非常重，而且又那么硬，我们为什么要一生都背负着它呢?”

蜗牛妈妈回答它说：“我们的一生都是在爬行，因为我们没有骨骼，所以我们不能奔跑，只能这样缓慢地爬行，这个坚硬的外壳可以保护我们不受到伤害。”

小蜗牛还是很疑惑，它问道：“那么毛毛虫也没有骨骼，而且爬得和我们一样慢，它们为什么就不背负这种外壳呢?”

“因为毛毛虫最终可以变成蝴蝶，它们能够在辽阔的天空中飞翔，它们有天空保护它们，所以它们不会受到伤害。”妈妈回答它说。

小蜗牛又问道：“但是蚯蚓也和我们一样，而且它们也变不成蝴蝶，那么它们为什么不用背负这种外壳呢?”

蜗牛妈妈依旧耐心地回答说：“这是因为蚯蚓能够钻进土里，厚重的土地能够保护它。”听到这里，小蜗牛非常伤心，它对妈妈说：“我们没有天空和土地的保护，实在是太可怜了。”

蜗牛妈妈则安慰它说：“但是我们的外壳很硬啊，我们不需要天空的保护，也不依靠土地的保护，我们可以自己保护自己啊。”

其实，上面童话故事中讲到的蜗牛和人的生存之道是一样的，我们要想成就一番事业，就不能依靠任何人，我们唯一能依靠的就是自己。做事情如果总是依赖于别人，那么只能让我们磨损掉自己的锐气和自信，慢慢地就开始怀疑自己。

古语说：“自天佑之，吉无不利。”其实有时候人如果相信自己，依靠自己，那么只要按照客观规律办事情，就能够得到上天的帮助。人只有相信自己，依靠自己的力量，那么就可以面对错综复杂的情况，能够把握好自己前进的方向，不至于在自卑自叹的局面中迷失自己。

人如果不自己付出努力，而只是等待着别人的帮助，这种思想对自己没有一点好处，最终会让自己一无所得。

积极努力，实现愿望

> 有很多傲慢的人，你研究一下他们的心理，他们下意识里一定有自卑感的。所以我们常说，一个非常傲慢的人，就是因为他自卑感太重。因为傲慢是对自卑的防御，生怕别人看不起自己，所以要端起那个架子来。没有自卑感的人很自然，你看得起我，还是看不起我，我就是我，我就是这个样子，是很自然的。人到了这个境界，是真的认识了自我。所以人顶天立地，古往今来，无非一个我。
>
> ——南怀瑾

有一天，一个人在赶路的时候遇到了大雨，于是他就到一家人的屋檐下躲雨。这个时候正好观音菩萨从他身边走过，这个人便对观音菩萨说："大慈大悲的观音菩萨啊，希望您能够带我走一程吧。"观音菩萨则非常平和地说："现在站在雨中的是我，而在屋檐下的是你，你根本淋不到雨，为什么需要我来帮助你呢?"听到观音菩萨这么说，这个人就离开了屋檐，然后站在雨中说："现在我站在了雨中，你该帮帮我了吧。"观音菩萨则说："我站在雨中淋不到雨，是因为我有一把伞；而你站在雨中能被雨淋到是因为你没有伞，所以能够帮助你的不是我，而是伞，你只要找到一把伞就是了。"说完观音菩萨离开了。

等到第二天的时候，这个人又遇到了一些困难，于是他就到庙中，想要找观音菩萨帮助他。他跪拜在观音菩萨的像前，此时却发现一个长得很像观音菩萨的人也跪拜着，于是这个人问道："你是观音菩萨吗?"那个人回答说："没有错，我就是观音菩萨。"这个人感到非常不能理解，于是就问道："人们都在跪拜观音菩萨我能理解，为什么你自己也要跪拜自己呢?"那个人则笑道:“我和别人一样，一旦遇到问题就想找我帮忙，其实我知道求别人还不如求自己。”

在这个世界上没有谁能够真正意义上值得我们依靠，我们要做的是顺应事物的发展规律，然后努力，这样就能够实现自己的愿望。

不管是世人皆知的枭雄曹操，还是人人敬仰的大文豪雨果都是相信自己，并且依靠自己的人，所以他们在自己的领域中都取得了成功。

南怀瑾说：“人生命运都掌握在人们自己手里，任何一种外力都是靠不住的。”当然，南怀瑾先生讲到的依靠自己并不是固执己见，更不是刚愎自用，只不过是让自己少一些自卑和怯懦，而多一份自信和努力，只有自己认可了自己，经过努力之后终究会取得成功。

人生的路有长有短，也有好有坏，但关键是要看自己怎么去面对。与其等别人给自己一捧已经不再新鲜的花朵，那还不如自己去采摘新鲜的花朵。所以现实生活中的每个人只有依靠自己，才能够走向成功。

每一个成功人士的事业都不是一帆风顺的，只有亲自去经历困难和阻碍，只有努力去解决问题，这样的人生才更有意义，这样才能够让自己的人生过得精彩。别人的帮助只是一些安慰和鼓励，只能给自己一些自信，但是我们不能只依靠别人，要不然根本无法实现自己的理想。

每个人都要相信自己的力量，抱着一颗永不言弃的心去面对一切困难，那么一切都会变得不一般起来。

摒弃傲慢，用谦虚攒足实力

> 有自卑的人都非常傲慢，为什么傲慢？因为把自我看得很重要，很在乎自己，但是又比不上人家。自卑与自傲其实是一体的两面，同样一个东西。一个人既无自卑感，也不会傲慢，那是非常平实自在。
>
> ——南怀瑾

孔子和弟子们在鲁桓公的祠庙中看到了一个用来装水的器皿，形体倾斜地放在祠庙里，那个时候，这种倾斜的器皿被称为攲器。

于是孔子问祠庙的看守人员："能告诉我这是什么器皿吗？"看守人员说："这种攲器是放在座位的右边，主要是用来警告自己，就如同'座右铭'一样。"孔子说道："我之前听说过这种用来装水伴坐的器皿，当装水少或者没有装水的时候就会歪倒；而装得太满了就容易翻倒；只有水装得适中的时候才能端正。"说完之后，孔子对自己的弟子说："你们往里面倒水试试。"学生们听完之后舀了水，然后往这种器皿中加水，果然和孔子说的一样，倒得太满了就容易倾倒；倒得太少了则容易歪倒。

于是孔子长叹一口气说："世界上哪里有什么太满而不至于翻倒的东西。"

其实这则寓言故事就是借助这个器皿来告诉人们骄傲自满很容易转换成空虚。也在告诉人们做人应该谦虚谨慎，而且一定不能骄傲自满。

"虚心竹有下垂叶，傲性梅无仰面花。"世间的万事万物都在告诫我们应该拥有谦卑的胸怀，不能够自大无礼，要不然肯定不会招人喜欢。

拿破仑在登上皇位之后到外地去旅游，在经过一个小镇的时候住在了一个小旅馆里，他休息了一会儿之后，换上一套便装出去了。因为他的衣服非常朴素，没有任何关于皇帝的标识，所以走到大街上根本就没有人认出他来。

没有想到的是走着走着，拿破仑就迷路了，他站在十字路口不知道该如何走，这个时候正好有一个军官模样的人在一间房子前面抽烟，拿破仑就非常客气地对他说："朋友，我想打听一下，哪条路是通往镇上旅馆的？"

那个人继续抽着自己的烟，丝毫不理睬拿破仑，只是随便伸手一指，意思让拿破仑走他指的方向。虽然他的态度非常傲慢，但是拿破仑还是非常平和地说："那么，再打听一下，这里离旅馆有多远呢？"那个人非常不耐烦地说："一英里吧。"说完之后就再也不理拿破仑了。

拿破仑感谢了他之后走了几步，又回过头对他说："对不起，请问您在军队中是什么级别？"那个人还是抽着自己的烟，非常神气地说："你猜猜看我是什么等级？"拿破仑说："大概是中尉吧。"那个人说："再往上猜？"拿破仑又说："难道是少校吗？""不错，这次你猜的是对的。"于是拿破仑就向那个人鞠躬之后离开了。

就在拿破仑转身的时候，那个人说："看起来你也像一个军人？你在军队是什么级别？"拿破仑也笑着说："那你猜猜看？"这个少校说："难道是中尉吗？""不对，你再往上猜猜。""莫非也是少校？""不对，再往上猜猜。"

这个时候少校有点坐不住了，然后说："长官是上校吗？"

拿破仑则说："继续往上猜？"

少校说："难道您是一位将军？"

拿破仑说："还可以往上猜。"

少校赶紧鞠躬说："难道您就是皇帝陛下吗？"

拿破仑说："不错，你猜对了。"少校此时声音有些颤抖，然后非常恐慌地说：“陛下，赦免我的罪过吧。”拿破仑则笑着说：“少校啊，你并没有做错什么啊，我又有什么权力来责罚你呢？不过我想告诉你的是，以后对待别人要懂得谦虚一些，不要那么傲慢。”

“整瓶油，摇不响；半瓶醋，响叮当！”这句俗语就是说那些傲慢的人，本来没有什么能耐却很傲慢，总是自鸣得意。

《老子》中说：“不自伐，故有功；不自矜，故长。”

老子认为一个不骄傲自大的人才能够更容易成功；相反，如果太过于骄傲了就不容易取得成就。也就是说，谦卑是成功的前提。而一个人在没有功劳的时候，做到谦卑是很容易的；一旦有了一定的功劳，还能够保持谦卑的姿态，那么就更不容易了，这种人必定会成就一番大事业。同样，短时间的谦卑比较容易，但是如果能做到长久的谦卑，那么就能够成就一番大事业。古代的韩信、魏延、年羹尧等人就是在功成名就之后不懂得谦卑，最终落得可悲的下场。

谦虚才能赢

无论在事业上获得多大的成功，也必须“谦虚为怀，戒骄戒躁，更加努力”。

——南怀瑾

从古至今，成功均属于那些懂得谦虚的人，他们的成绩能够给自己带来双倍的价值，可以在物质文明和精神文明中得到双丰收。

李开复在评价比尔·盖茨的时候说：“聪明？天才？思维怪异？不，我理解中的盖茨的特质是谦虚。要知道一个谦虚的天才很难得。”

李开复讲道，比尔·盖茨是一个喜欢竞争的人，“他享受辩论，就想听到不同观点，又总是想赢。”但是这种好胜心并没有阻止比尔·盖茨成为一个谦虚的人。曾经在微软的一次内部会议上，有一位技术助理和比尔·盖茨发生了争论，当时这位技术助理说：“比尔·盖茨你错了。”但是比尔·盖茨一直认为自己没有错，于是就这个问题，两个人展开了争论，最终技术助理列出了翔实的证据，比尔·盖茨恍然大悟，终于明白自己的确是错了，他非常诚恳地承认了自己的错误。

傲慢的人总是做出一副高不可攀的样子，他们总是认为自己比别人强，所以他们看不起别人，他们喜欢颐指气使，言语中总是体现自己比别人强很多，他们总喜欢挖苦别人。可能在短时间内别人能够容忍他们的行为，但是时间久了，傲慢就像是一把利刃一样，会将彼此的友谊刺得伤痕累累，所以世人应该放下自己的傲慢，不管是真的傲慢也好，还是伪装出来的傲慢也罢，都要摒弃。懂得谦虚待人的气度，老老实实对待每一个人和每一件事情，这样也给自己保留了进步的机会。尤其是在那些较为复杂的环境中更应该保持谦虚，在自己空闲的时候不要挖空心思去算计别人。

对自己定位要高

从新年第一天开始，做一个简单的人，踏实而务实。不沉溺幻想，不庸人自扰。要快乐、要开朗、要坚韧、要温暖，对人要真诚。要诚恳、要坦然、要慷慨、要宽容、要有平常心。永远对生活充满希望，对于困境与磨难，微笑面对。多看书，看好书。要有梦想，即使遥远。做该做的事，见想见的人，吃好吃的东西。

——南怀瑾

南怀瑾先生认为一个伟大的人生都是要懂得知崇礼卑。他认为一个人最初做事情的时候要懂得踏实，从最平凡的地方入手，但是需要有远大的目标，如果没有目标，同样成不了事情。

“君子以自强不息”就是中国传统文化的风骨，古人更有“老骥伏枥，志在千里；烈士暮年，壮心不已”的雄心，也有“愿乘长风破万里浪”的壮志，通过这些都可以看到知崇礼卑对于人生价值的重大影响。

我们先来看一个故事。

曾经有一个小男孩特别喜欢小牛犊，于是他的父亲给他买了一头，并且希望他能够精心照顾它，让他仔细给它擦洗身子，而且还要求他每天将小牛犊举起来一次。

小男孩对于这个要求答应了下来，并且一直遵守着这个诺言。慢慢地小牛犊长大了，小男孩也变得非常强壮。小男孩每天都在做着这件事情，而他每天都能够举起不断长大的牛犊，等到小男孩16岁的时候，他已经能够举起一头非常强壮的牛了。

如果在最初的时候这个小男孩没有按照自己父亲的话去做，那么等到他16岁的时候又怎么可能举起这么重的牛呢？关键就在于当年他答应下来之后的坚持不懈，他从最普通的事情入手，慢慢拥有了能够举起一头牛的能力和力量。

其实做一件事情，想要成就一番事业，都和举起一头牛犊是一样的。对自己的定位要高，但是要从小处入手去做，只要能够从一点一滴做起，那么就可以将基础打牢，最终会铸就属于自己的辉煌。

人生是一点一滴的积累

> 事业是永远的，人生在世，所做的哪怕只有一件事情，但这件事情对人类社会是有意义的，那么它就是事业，就是人生的价值。不管是过去的皇帝还是今天的什么部长，或者是街头流浪的乞丐，那些都不是事业。真正能称得上事业的没有几个人，像释迦牟尼、孔子、耶稣等，他们做的才是真正的事业。因为他们为人类做出了卓越的贡献，永远地活在世人心中，所以他们的事业才是真正的事业，是千秋大业。
>
> ——南怀瑾

在现实社会中，有很多人都幻想着自己可以一步登天，他们看到了别人的荣誉和权势，看到了别人成就的事业和功绩，所以自己就不愿意踏实工作了，他们厌倦了枯燥无味的生活，他们想要攀到更高的位置，但却不知道自己缺乏最基本的功底积累过程，就算是有朝一日可以借助别人而小有成就，但肯定会因为自己的功底问题而失去。

古人说“积跬步才能至千里，积小流才能成江海”。如果想要登上高山，然后有“会当凌绝顶，一览众山小”的感慨，那么就需要一步一步去做，把自己的基本功打扎实，之后的成功就会慢慢来到，如果好高骛远，那么最终将不会有好结果。

有一个孩子的父亲是一个非常富裕的庄园主，然而突如其来的一场意外改变了这一切，他们失去了自己的财富。当他们一家辗转来到美国的时候，就剩下了一些已经没有任何价值的纸币了。为了能够养活全家人，为了能够实现自己的梦想，于是这个孩子出去打工了，每次出去的时候，他的父亲都会说，如果有人愿意留下你，并且给你一口吃的，那么你就可以留在那里。

小男孩最后在海边的一个小饭馆里找到了工作，这是他的第一份工作，他是一个服务员。很快，因为他的能干以及聪明使得老板特别喜欢他，对他刮目相看。老板为了让小男孩学好英语，特地让他和自己的孩子在一起玩耍。

后来，在这位老板的推荐下，这个小男孩找到了自己的第二份工作，是为一家食品公司做推销员并兼职司机。他在开车的同时还会在大街小巷上做一些力所能及的好事，比如帮别人送一封信、让放学的孩子搭便车回家等等，他就这样年复一年、日复一日地工作，一干就是4年时间。

到了第5年的时候，公司的总部通知他去管理拉丁美洲的营销业务，就因为他在这4年时间里成为了佛罗里达州最好的推销员。在接下来的日子里，他借助自己的能力打开了拉丁美洲的市场，并且还在加拿大、亚太地区等大展拳脚，最后被调回了总部，然后成为了首席执行官。

这个人就是卡洛斯·古铁雷斯，后来他在美国前总统小布什连任成功之后被提名为下一届的商务部部长。一段时间里，卡洛斯·古铁雷斯这个名字成为了“美国梦”的代名词，卡洛斯·古铁雷斯曾经说过：“一个人的命运并不一定是做了什么惊人的举动，更多的时候是通过生活中的一点一滴积累起来的。”

通过这个小故事我们可以看到人生的远大目标都是建立在一些细小的事情上的。只有从普通的小事入手，并且不间断地做下去，那么终会有成就梦想的那一天。诸葛亮说：“夫志当存高远、慕先贤、绝情欲、弃疑滞，使庶几之志，揭然有所存，恻然有所感；忍屈伸、去细碎、广咨问、除嫌吝，虽有淹留，何损于美趣，何患于不济。若志不强毅，意不慷慨，徒碌碌滞于俗，默默束于情，永窜伏于平庸，不免于下流矣。”

人们一旦有了高远的梦想，并且有不甘流于庸俗的信心，只要自己有足够的耐心，有足够的毅力，从每一件小事做起，那么终究有一天自己的梦想会得以实现。

追求对别人有益的事

在人类的探索里，我们看到，有的人以攻克无数的国土为离苦得乐之道，有的人以攻克无数的女人为离苦得乐之道，有的人则以让其他动物痛苦为离苦得乐之道，有的人则需要众人的目光汇聚在自己身上才会快乐。毫无疑问，这些探索源于错误的观念，而最终将导致错误的结果，那些他们所不希望面对的结果既伤害自己又伤害他人。因为这些探索都是在讨好自我，满足自我，而“自我”，是你一切痛苦的根源，你把它养的膘肥体壮对你没有任何好处。

——南怀瑾

人生在世，都在为自己的目标苦苦奋斗，而这个目标就是一个人一生最大的追求，有些人总是将这种目标称为事业的成功。《周易·系辞上传》中说：“举而措之，天下之民谓之事业。”

其实一个人追求事业的成功没有错，但是最大的事业应该是对别人有意义的事情，而不仅仅只是为了满足自我私欲的“事业”。如果是这样，就算你真的取得了一定的光辉，但是这些光辉终究会逝去，不会被人记住，只会被碾碎在历史的车轮下。南怀瑾先生曾经讲道：“一个人如果做了皇帝，统治了全世界，最多不过几十年的时间。”但是一个伟大的人总是会被人们永远铭记。

曾经有一个人不知道天堂和地狱的区别，于是有一天，他遇到了上帝，希望上帝能够解开他的疑问。上帝知道这个人的疑问之后，对他说：“你先跟我来，我先让你见识见识地狱。”

于是上帝将这个人领到一个房间里，在这个房间中有一群人，他们都围着一个热气腾腾的大锅，锅里有煮好的肉汤，但是他们却个个面露饥色，而且每个人也是骨瘦如柴，就好像很久没有吃东西了一样。这个人还发现这些人手中都有一个柄很长的勺子，柄比他们的胳膊都要长，这也就是他们喝不到汤的原因，所以他们每个人都饥肠辘辘地看着肉汤，而喝不到肉汤。

这个人非常疑惑地看着上帝，然而上帝并没有解释什么，只是轻轻对他说：“我现在带你去看看什么是天堂。”上帝说完就将这个人带到了另外一个房间里，在天堂的这个房间里，同样有一群人围着一口锅，锅里同样有肉汤，他们同样有柄比胳膊还要长的勺子，但是他们每个人都满面红光，一副吃饱的样子。他们此时都在欢快地唱歌，他们都很幸福。

那个人非常不解地问：“这是为什么呢？地狱里的人都喝不到汤，但是天堂中的人却能够喝到汤？”

上帝则微笑着说：“其实道理很简单，在地狱中的人们不懂得用勺子去喂别人喝汤；而在天堂中，他们相互喂，所以就能够吃饱了。”

其实在这个故事中蕴含着太多的哲理和意义。在相同的条件和境遇下，一个地方是天堂、另一个地方是地狱，而最大的区别就是独霸利益还是共同享受幸福。地狱里的人总是将自己看得很重，所以他们不愿意帮助别人，结果最后导致自己也得不到好处；而在天堂中的人正好相反，他们都能够相互帮助，所以最终自己也得到了好处。

勇于担当方可赢得信任

> 一个人如果真能对天道自然的法则有所认识，那么，天赋人生，已够充实。能够将生命原有的真实性善加利用，因应现实的世间，就能悠游余裕而知足常乐了。如果忘记了原有生命的美善，反而利用原有生命的充裕扩展欲望，希求永无止境的满足，那么必定会带来无限的苦果。还不如寡欲、知足，就此安于现实，便是最好的解脱自在。
>
> ——南怀瑾

曾子曰："吾日三省吾身——为人谋而不忠乎？与朋友交而不信乎？传不习乎?"

现代生活中的每一个人更应该每天三省自己，要思考自己为别人思考是不是尽心？和朋友的交往中是不是足够信任？对于老师传授的知识是不是认真复习了？

南怀瑾先生也一再强调人们要反省自己。其实不管是在我们的生活中还是在我们的工作中，我们都要做到反省自己，做一个敢作敢当的人。就像南怀瑾先生说的，如果一个人不反省自己，那么就不会知道自己的思想和心理方面有什么需要修改的地方。尤其是在职场中，人际关系非常复杂，如果想要和同事和谐相处，那么任何事情都少讲客观，而更多的是从主观因素上出发。

一个人如果能够经常反省自己，那么就能够发现自己的缺点，具有反省意识的人能够不断完善自己。尤其对于一个管理者来说，要懂得反省自己，并且采取积极有效的方法来改善反省中发现的问题，这样就能够成为一个深得人心的人，最终赢得广大下属的拥护和爱戴。

历史上的秦穆公就是一个很懂得反省自己的人，我们来看《左传》中记载的这个故事。

公元前628年冬，秦国驻郑国的大夫杞子派人回秦国，对秦穆公说："郑国的人非常相信我，此时正好是我们攻打郑国的机会。如果您派兵过去，我们里应外合，最终肯定能够攻占郑国，这样一来，秦国的疆土就会变得很大，您也可以建立新的功业。" 秦穆公听完之后非常开心，于是准备召集大军攻打郑国。

秦国的老臣蹇叔听到这个消息之后，经过一番权衡，反对秦国出兵攻打郑国。但是秦穆公根本不听从蹇叔的意见，他还是坚持要派孟明视、西乞术、白乙丙3将率兵攻打郑国，出兵之日，蹇叔老泪纵横。

果然和蹇叔预想的一样，在第二年的四月初，晋襄公整顿人马亲自率兵出击，一举击溃了秦军，并且还俘获了孟明视、西乞术、白乙丙3位大将。

这个时候，秦国军队兵败的消息传到了秦国，秦穆公非常后悔，后悔自己当初没有听从蹇叔的意见，导致劳民伤财还吃了败仗。秦穆公深刻反省了自己，他认为是自己贪心太重，从而导致了这次失败，使得国家损失惨重。

孟明视、西乞术、白乙丙被解救回秦国之后，秦穆公亲自来迎接他们3人，并且放声大哭，对他们说："这次失败都怪我，都怪我没有听从蹇叔的意见，导致3位将军蒙受如此大的屈辱，这些都是我的罪过啊。”

3位将军都纷纷叩头请罪。

秦穆公则坦诚地说：“这些都是因为我决策失败，3位将军有什么罪过呢？我不能因为这次失败而掩盖了你们之前的功绩。”

在第二天上朝的时候，秦穆公又一次讲到了这次失败，他对群臣说：“此次失败都是因为我贪心太重，才使得国家和将军、士兵们遭受损失。”

秦穆公是一国之主，但是他也能够积极反省自己的过错，这种做法难能可贵。也正是因为秦穆公这样做，他的臣子们才能够更加信任和爱戴他，后来他的臣子们发愤图强，终于一雪国耻。

通过秦穆公的故事我们可以看到，如果想要赢得人心，想要取得成功，那么就需要不断反省自己的过错。我们应该像南怀瑾先生一样不断反省自己，在职场中更需要有反省的勇气。不管是生活中还是工作中，如果能够坚持做到每天反省自己，那么就会成为一个真正有所担当的人，就可以不断改掉自己的错误，最终完善自己，得到别人的认可和尊重。如果我们贪心太重，就会让我们自己和国家遭受损失。

控制欲望，知足常乐

> 很多的探索里，几乎都无法带来真正的快乐，和我们所希望的恰恰相反，他只能带给你不想要的东西。因为这些探索都源于满足“自我”的需求，而自我的欲望是毫无止境的。
>
> ——南怀瑾

在现实生活中的人们如果能够保持自己的成就，然后按照正确的方向去努力，这才是最大的幸福。如果人们渴望得到非分的欲望，不能够安心于现实，那么最终会得不偿失，迷失自己。

其实这里讲到的人的欲望无非就是钱的欲望、权力的欲望以及名声的欲望。但是南怀瑾先生对此都不是很在意。

南怀瑾先生在物质方面没有任何要求，他的生活非常简朴，他的一日三餐都很简单，老年的他晚饭一般都是两碗红薯稀饭，然后加一些花生米。如果有什么应酬的话，对于满桌的美味，他也吃得很少，他对此并不贪念。他的穿着也很简单，基本上是一套老式长衫和一双平底布鞋，他很少穿高档或者名牌衣服。

南怀瑾先生更没有权力方面的欲望，南怀瑾先生是浙江人，是蒋介石的老乡，他的很多朋友都是国民党的要员，如果他稍微有一些想要当官的意愿，那么就可以得到朋友们的帮助，混得一官半职根本不是什么问题。但是他并没有表现出这方面的欲望。后来在中国台湾的时候，他曾经有多次能够从政的机会，但是最终都放弃了。

南怀瑾先生对名誉方面的东西也看得很淡，成名之后的他，很多学校都给他寄去了“名誉教授”的聘书，但是他都退回去了。对于送上门的这些“名誉教授”、“名誉院长”的头衔，他都不在意，一概不接受。他对别人说：“早年，那么多外国的大学要送给我‘名誉教授’的头衔，我一个也没有要，要这种虚名有什么用。”

“扩展欲望，希求永无止境的满足，那么必定会带来无限的苦果。” 南怀瑾先生就是借助这句话来告诫人们。在这个高速发展的社会中，人们的欲望已经到了无比膨胀的地步，随之而来的就是战争、环境污染等问题的出现，这些都源自于人们欲望的膨胀。

首先，人们要面对物质方面的欲望。古人云：“心是一颗明珠，以物欲障蔽之，犹明珠而混以泥沙。”人们花了很多时间去积累财富，但是最终却没有时间去享受；人们花了很长时间去赚钱买房子，但是很多人经常不在家中居住，人们在盲目追求的过程中最终迷失了自己，忘记了应该享受的最简单的生活。这就是因为物欲存在的原因，如果人们的欲望不断膨胀，那么人们享受的快乐就越来越少。

其次，人们面对的是权力方面的欲望。人们都很羡慕权力，很多人都会借助一切机会然后去争取权力，他们认为这是人生最大的快乐。而等到他们拥有了权力则更会将权力看得很重，很多人都会利用自己手中的权力谋取个人私利。这些人在没有权力的时候渴望得到权力，一旦得到了权力就会不择手段去追求私利。

最后，人们面对的是名誉方面的欲望。名誉也是很多人追求的东西。很多人都渴望能够成名，他们认为自我价值的实现就是通过名誉。很多人为了名誉不惜付出一切代价，有的人为了能够获得名誉甚至不惜付出身败名裂的危险。

人的欲望犹如一个无底洞，就算是不断满足了欲望也不能填满这个无底洞。所以南怀瑾先生一再告诫世人，不要看重欲望，要能够承受痛苦。我们要利用心中的一个度量值来控制自己。

一个人的欲望越高，那么他所背负的担子就越重。虽然很多人都明白这个道理，但是他们还是无法根除自己的劣根。对于一个真正懂得享受生活的人，任何东西都是多余的。适当克制自己的欲望才能够活得洒脱，最终求得人生的平和。如果自己背负了太多的欲望，不管是物质、权力还是名誉方面的，只能让自己每天过得忙忙碌碌、忧心忡忡，反而没有了快乐。我们只有放下这些沉重的负担，最终才能拥有轻松的心灵。

欲望并不是多多益善的东西。人的一生中要懂得用“减法”的方法来控制自己的欲望。人生的路程中没有必要背负太多的负担，这样只能将自己弄得筋疲力尽。

欲望就如同是海水，你喝得越多，反而越口渴，人们根本就不可能喝干所有的海水，所以我们要在最初的时候就杜绝欲望，最基础的时候就开始控制，这样才不会酿成大祸。

第六章

超脱事务，笃行事业

——听南怀瑾讲事业

以乐观替代悲观

因为痛苦与烦恼、艰难、困阻、倒霉……都是生活中的一个阶段；得意也是。每个阶段都会发生变化，因为天下没有不变的道理。

——南怀瑾

什么是悲观呢？悲观就是一种消极、失望的情绪。人们现在所经历的这个错综复杂的社会生活中，出现消极的、令人沮丧的情绪非常正常。

现代社会中的人们都在追求自己的事业，什么是事业呢？其实能够让自己过得好的事业都可以称为事业。现代的人们追求事业没有错，但是追求事业一定要和安身立命分开来看。

事业是一种远大的理想，是一个一直坚持着的目标，或许这个理想和目标不是很远大，但是是一个人内心的追求方向。很多人在追求的过程中，总是会遗忘掉自身，最终将事业等同于安身立命，好像事业就是让自己活着就可以了。南怀瑾先生对于这一点有深刻的认识，我们可以通过南怀瑾先生的一些看法学习到一些关于事业的认识。

“去留无意，闲看庭前花开花落；宠辱不惊，漫随天际云卷云舒。”这是一种心境，更是每个人追求的目标。如果遇到事情总是悲观，那么对事情没有任何帮助，我们只有用乐观的心态去对待事情，我们就可以善待自己，并且最终成功解决问题。

当人们还是小孩子的时候，一块糖、一句好话、一个笑脸就能够让我们转怒为喜，这个年龄阶段的孩子非常单纯，脑海中承载的信息不是很多，而且大多都很稚嫩，所以他们能够每天都笑呵呵的。

而到了人们步入到社会中，成家立业了之后，人们就会发现生活和工作的重压会让人喘不过气来，而这种压力已经让人们的快乐细胞消失殆尽了，所以太多的急躁、焦虑、消极等情绪会充斥在我们的大脑里。而曾经那种欢快的童心逐渐成为了老态龙钟的世故。

悲观是非常容易的一件事情，但是乐观就不是了。如果自己遇到的是快乐的事情，是对自己有利的事情，那么人们就可以乐观起来；一旦遭遇了逆境，一旦遇到的事情对自己没有好处，那么人们很容易就悲观起来。人生在世，悲观的情绪会笼罩着人们的一生，甚至每个人，每时每刻都是被悲观所笼罩。这个时候就需要我们战胜悲观，以乐观和开朗的心情去对待，以此来支配自己的人生，此时就会发现原来的事情都不值得一提，它们都是非常容易处理的事情。

而一个人一旦能够征服自己的悲观情绪，就能够征服世界上所有困难的事情。

曾经有一位政治家说过："要想征服世界，首先要征服自己的悲观。"这句话不无道理，因为一个人如果连自己的悲观情绪都征服不了，那么怎么可能战胜其他的东西呢？如果一个人只是一味活在忧愁之中，这样只能让自己的事情变得越来越不如意。

其实乐观人的心态和悲观人的心态截然相反，即便是看同一个事物，两者都有很大的区别。心态正常的人，或者乐观的人，他们在仰望星空的时候可以看到生活的自信，会给自己增加很多努力的砝码；但是一个悲观的人仰望星空的时候总是看到自己的渺小，看到自己前途的渺茫，而这种人最终也只能埋葬于自己的悲观情绪之中。

所以不管我们现在是身处顺境还是逆境，我们都要以正常的心态去对待，笑着看待生活，这是乐观击败悲观的可能。我们只有微笑着，才能够给自己的生命打开一道成功的大门，才能够迎来成功。

守住乐观的心态

在喧闹中我找寻静默，在浮躁中我求得平和，一切缘于奇石的美和寻求奇石的梦……同样是一天，何不乐观而为?!

——南怀瑾

一个人想要守得住乐观的心态也不是容易的事情，因为令人悲观的事情总是在我们的生活中不断出现，很多人把持不住，最终会陷入悲观之中。其实乐观不仅需要笑容，更多的需要努力和智慧，只有拥有了这些才能够让自己保持一份充满生机的心态。

悲观人的路会越走越窄，最后终究会无路可走；而乐观人的路会越走越宽。乐观更是一种机智，是依靠自己的坚韧不拔的毅力为自己支撑起来的一道风景。

我们要懂得守住自己乐观的心态，要懂得“不以物喜，不以己悲”的道理，只有这样我们才能够战胜困难，也只有这样，我们才能为自己迎来通天大道。

曾经有一位父亲有一对孪生兄弟，但是兄弟两人的性格迥异，一个过分乐观，而另一个过分悲观。有一天，父亲给这个过分悲观的孩子买了一套玩具，而将过分乐观的孩子放进了一个房间里，里面堆满了马粪，他要这个孩子清理这些马粪。

等到第二天清晨的时候，父亲走进悲观孩子的房间，发现这个孩子正在哭泣，于是父亲询问道：“你有这么多好玩具，为什么不玩而要哭泣呢?”孩子哭着说道："这些玩具玩一玩就会坏的，所以我不玩。"父亲听完之后叹息不止。接着父亲又走进了那个乐观孩子的房间里，发现那个孩子正在玩一些马粪，于是他就问这个孩子："你在干什么?"这个孩子回答说："我猜想在这堆马粪里有一只小马驹。"父亲对此非常感慨。

其实，在这个世界上没有绝对的乐观，更没有绝对的悲观，关键要看你是以怎样的角度去看待这个问题。乐观者就算是处于困境中，也能够看到希望和战胜困境的机会；悲观者看到的总是未知的困难和危险，哪怕他们处于顺境之中。白居易说："乐人之乐，人亦乐其乐；忧人之忧，人亦忧其忧。"其实生活很简单，值得开心的事情也很多，所以不要将事情看得复杂了。而对于那些琐碎的事情只要看得简单一点，就会发现它们特别好处理。很多时候换个角度看问题，就能够让自己解决问题时得到积极的态度。生活本来就是一个绚丽多彩的过程，不要将其看得太悲观。

懂得勇敢地面对挫折

心向善，生活挫折消失，修法就容易产生出功德。

——南怀瑾

人生在世，遇到不如意的事情很正常，而每个人遭受的挫折和困难都很多，每个人都有情绪低落的时候，关键是要看我们该如何去面对。有些人在困难和挫折面前裹足不前，所以他们会逐渐失去生活的勇气；但是有些人则能够积极面对一切，乐观地看待问题，他们则能够以积极的心态去解决问题。

南怀瑾先生说过："霉倒过来就是好运……把'倒霉'当甘蔗吃，吃完1

了以后，下一步好的就来了。”其实就是这样，当一个人经历了太多的痛苦之后，一旦积累到一定程度，那么好运自然就会来了。

曾经有一位医术高明的医生远近闻名，在医学界也享有很高的名声。但让人想不到的是这位医生自己却患上了癌症，这个突然的打击让他一时间无法接受，他心烦意乱，情绪也跌到了最低谷。

后来这个医生接受了这个事实，并且自己的心境也逐渐发生了变化，他变得更加宽容，变得更加珍惜眼前的一切，而同时他也和病魔作着激烈的斗争，最终而这位医生最终平安地活了好几年。

很多人都很疑惑，于是询问他：“到底是什么支撑您走了这么久?”他非常平静地回答：“每天我都会给自己一个希望，希望自己能够多救治一个人的痛苦，所以我会保持笑容，然后让他们感受到健康。”

现在的这个社会错综复杂，所以会发生很多我们无法预料的事情，虽然我们不能掌控自己所遇到的事情，但是我们可以把控我们的未来，我们可以让自己的生活变得更加乐观和积极。

罗兰说过：“一个人如能让自己经常维持像孩子一般纯洁的心灵，用乐观的心情做事，用善良的心肠待人，光明坦白，他的人生一定比别人快乐得多。”

过去的岁月不能重新再来一次，而该面对的终究要去面对，所以不管我们遇到怎样的挫折和艰辛，我们都需要坚持下去，以一颗积极的心态去面对所遇到的挫折和艰辛，最终我们会看到光明。

乐观地看待周围的一切，用自己的微笑来改变自己的人生，以此来体味生活中的甘甜。而在此过程中多给自己一些笑容和自信，那么就会让自己变得宽容起来，就可以积极面对风云变化，就能使自己脚下的路更长。

寻找最真实的快乐

我们一般被时间和空间所限制，自己心里永远得不到解脱，得不到自在，始终被外在的环境障碍住了，因此达不到“滑和”的境界，也就达不到一个祥和、安适的境界。用佛学的名词来解释，就是达不到身体的自在和心灵的解脱，不能升华到心灵最高解脱的境界。

——南怀瑾

每个人都渴望得到幸福，每个人都有追求幸福的权利，但是怎样的人才能算作是幸福的人呢？虽然幸福是仁者见仁，智者见智的东西，但是我们通过下面这个故事或许能够体会到一些关于幸福的定位。

俄国诗人涅克拉索夫有一首长诗《在俄罗斯，谁能幸福和快乐》，于是涅克拉索夫找遍了全国，最终找到了一个快乐的人，这个人竟然是躺在锄头上睡大觉的农夫。这位农夫身体强壮，能吃能喝，而且睡眠很好，就算是在打瞌睡的过程中也能够体会到他由衷的快乐。那么这位农夫为什么这么开心呢？其实主要有两方面的原因：第一是他非常知足，第二是他认为劳动能够给他带来快乐。

法国杰出作家罗曼·罗兰说得好：“一个人快乐与否，绝不依据获得了或是丧失了什么，而只能在于自身感觉怎样。”世界上有很多人是大富大贵的人，虽然在别人的眼里他们很幸福，但他们总是认为自己过得不够幸福；而有的人虽然别人认为他们和幸福完全没有关系，但是他们却很幸福，因为他们非常知足。

不管如何灿烂的生活，最终都会恢复于平静，此时人们才能够找到幸福和快乐。很多人不明白这个道理，所以他们一味在追求金钱和权力，他们将物质财富作为自己的最终追求，他们认为只有自己比别人拥有得多，那么自己就会拥有幸福，很自然，这是一个荒谬的想法。如果人们将这些所谓的金钱和权力作为自己追求的最终目标，那么慢慢地自己就不会看到一些重要的东西，而人们就会变成物质的奴隶，最终成为自己欲望的牺牲品。其实很多时候平平淡淡才是真。

18世纪，法国哲学家戴维斯有一天得到了来自于朋友的礼物，这是一件质地精良、做工考究、高雅的酒红色的睡袍，戴维斯对此非常喜欢，总是穿着这件睡衣在家里走来走去的。但是他慢慢发现自己家里的家具非常破旧，而且地毯也已经很旧了，于是他将这些旧的家具逐个更换了。此时他发现房间里的家具才能和自己的睡衣相配了，但是此时的戴维斯更加不舒服了，因为他发现自己被一件睡衣胁迫了。

其实就像故事中的戴维斯，如果有人走进他的房间，对方肯定会感觉戴维斯过得很幸福，其实只有戴维斯自己知道自己不幸福，因为当他穿上睡袍的那一刻就开始注定了他不幸福，他的所有行为都是在睡袍的胁迫下做出来的。

幸福是一种满足的心态

幸福家庭是人生最大的收获，而物质不能带来幸福。

——南怀瑾

晏婴是我国春秋时期齐国人，他的父亲晏弱是齐国著名的宰相。在晏婴30多岁的时候，他的父亲因为得病而去世了，于是他继承了父亲的相位。他在齐灵公、齐庄公、齐景公三代王公时期治理齐国，历时50多年，在这个过程中，他算得上为官清正。

在齐景公即位的时候，晏婴的年龄已经非常大了。一次偶然的机会，齐景公看到晏婴的车子非常破旧，就连车棚上布的颜色都褪掉了，而驾车的也是一匹很一般的马，于是在一天散朝之后，齐景公将晏婴留了下来。

齐景公对晏婴说："爱卿，你的俸禄还算可以啊，为什么你的这匹马和马车是这样的呢?"

晏婴则笑着爽朗地回答："依靠您的恩赐，我现在过得很好，我能穿暖、能吃饱，全家人的生活都很快乐，还奢望什么好马车啊?"

齐景公则说："你这种精神我非常感动，但是毕竟你是有功之臣啊，我可不能太亏待你啊。"

晏婴则说："不，不，谢谢陛下的好意，正因为我是一个老臣，所以我更要以节省来做表率。"

齐景公笑了笑，然后不再说什么了。

等到第二天，齐景公给晏婴送来了一辆豪华而又崭新的马车，并且配备了一匹良驹，晏婴则对来的人说："请你帮我回话，我对陛下的赏赐非常感谢，但是我不敢接受这样的礼物。”说完之后就将马匹和马车都退了回去。

又过了一天，齐景公又派人给晏婴送来了马匹和马车，但晏婴还是退了回去。

接连好几天，晏婴都是这样做的。

晏婴的行为让齐景公有点不开心了，齐景公心里想道：“这个人怎么能不通情达理呢？”于是就这件事情，他又一次召见了晏婴，然后开门见山地责问他：“你现在一直不接受我赠送的礼物，那么你的意思是我也不够承受这样的马车吗？”

晏婴看齐景公真的生气了，于是赶忙磕头行礼，然后非常动情地说：“君和臣是不一样的，您给我这么高的位置，让我来管理文武百官，我这样做真的是为了给文武百官做一个表率，如果连我都不能节衣缩食，那么怎么要求他们廉洁奉公呢？这样我们的国家昌盛又从何而来呢？”

听了晏婴的这番话，齐景公最终收回了自己的成命，不再要求晏婴更换马车了。

晏婴就是一个懂得满足而又不贪图私利的人，他为文武百官做了一个表率，同时也为后人留下了美名。

“廉者常乐有余，贪者常忧不足。”其实这种教训不仅适用于为官，对于我们的普通生活同样有指导意义。

而能不能知足是一个人能不能获得幸福的根本原因。知足是一种心态，更是一种处世的态度。很多人将自己的不幸全部归罪于老天爷，怪罪于别人对自己的不理解。但如果我们要是换一种心态去面对这些问题，我们就会发现其实我们还是幸福的人，其实幸福不幸福完全取决于自己。

心态决定命运

人生命运都掌握在自己的手里，任何一种外力都是靠不住的，而自己的心态就是自己真正的主人。

——南怀瑾

曾经有一个人下班之后乘坐大巴车回家，车上当时有很多人，就连过道上都站满了人，而站在这个人对面的是一对情侣，他们非常亲热，女孩子当时背对着他。从女孩的背影看上去其身材应该非常标致、高挑，而且她的头发是染过的，通过这个可以看出她是一个活力四射的人，同时她穿着最为性感迷人的吊带装，这个女孩是一个典型的都市女孩。女孩在车上笑得很开心，通过她的笑声能够听出来她是一个特别快乐的人。

后来这个女孩大概和自己的恋人聊到了某部电影，因为这个女孩轻轻哼起了一首歌，然后男孩似乎在模仿着电影里某个角色的声音说话，逗得女孩又一次哈哈大笑起来。这个人非常感兴趣，他特别想知道这个女孩到底长什么样，一个如此快乐的女孩应该有着一张天真洋溢的脸。

但就在下车的时候，这个人看到了这个女孩的脸，这个人怔住了，因为这个女孩的脸上有一块很大的疤痕，显然是被火烧过的。下车后，这个人就在想，上天果然是公平的，上天给她快乐心情的同时，却带走了她姣好的脸庞。

虽然故事中的这个人的看法有失偏颇，但是一个人的心境的确是由自己来决定的。世界上没有完全幸福的人，世界上只存在不愿意幸福的心。一个人的心境如果能不受外界的影响，或许他终究不能去改变外界环境，但是起码他在这个过程中能够得到快乐，他能够时刻保持一颗平静的心态，所以我们只有掌握好自己的心态，然后去面对自己的命运。

如果想要获得内心的自由和独立，从而达到内心的平静，我们就需要拒绝世俗的影响。很多人都很喜欢随大流，当别人买车的时候，自己就算是借款也要买车，而别人在玩什么的时候，他也想去试探一下，别人穿的是名牌，他自己也不肯落伍……或许这些人在满足这些欲望的时候会感觉很满足，但其实内心的空虚根本无法掩盖，他们的这种随波逐流只能让自己淹没在潮流之中，最终失去真正的自己。一个失去了自我的人又有什么独立的人格呢？这种人自然就没有什么心灵平静了。

人的一生中会遇到很多次的顺境，同时也会遇到很多次的逆境，但不管是顺境还是逆境都是正常的，因为每个人都在遭遇这些问题，所以我们要理性面对这些问题，正确看待这些问题。当我们处于顺境的时候要居安思危，不要骄傲自大；同样，当我们身处逆境的时候，我们更应该鼓起勇气，努力战胜人生中的不顺。这样的人生才是积极的人生，这样的心灵才算是独立和自由的心灵，而这样的心灵终究会战胜所有的逆境。

如果想要获得心灵上的宁静，我们就不能太在乎别人的夸奖和批评，我们经常能够听到谁谁谁赚了大钱、谁谁谁一败涂地，等等。虽然我们不能避免别人的议论，但是我们可以正确面对。对于成功的人，我们给予赞美；对于生活失意的人，我们也应该同情，而不是自己也陷入其中。当别人成功的时候，很多人喜欢联想：成功的是自己该有多好？

其实人生的遥控器掌控在我们自己的手中，别人并没有权利去干涉，自己要想怎样全看自己。我们应该保持一份平静的心，从而面对错综复杂的人生。

上善若水，拥有超脱的心灵

一个人如要效法自然之道的无私善行，便要做到如水一样至柔之中的至刚、至净、能容、能大的胸襟和气度。

——南怀瑾

“居善地。”如果一个人的行为能够像水一样，善于自处而甘居下地；“居善渊。”如果一个人的心境能够像水一样，善于容纳百川的深沉渊默；“居善仁。”行为修到同水一样助长万物的生命；“专善信。”说话能够做到言而有信，如同潮水的时间一般；“正善治。”立身处世就像水一样持平正衡；“事善能。”担当做事像水一样调剂融合；“动善时。”能够及时把握机会然后去做事，能够像水一样随着动荡的局势去动荡，而在安静的时候也变得祥和。如果做到了这些，然后再配以万物的基本原则，那么就可以达到安然处顺的境界了。

其实上面的这段话是南怀瑾先生对老子《道德经》中的“上善若水”篇的解释。虽然在这段话中他讲述了老子的观点，但是他的字里行间中无法掩饰他对水的敬意，其实做人应该像水一样，我们来看下面的这个故事，相信我们从中可以得到更多的信息。

曾经有一个非常落魄的人问一个智者说：“我现在该怎么办?”

这位智者思考了很久之后，舀起一瓢水，对他说：“你看这水是什么形状的?”

这个落魄者摇头说：“我不知道。”

智者并没有回答，只是将水倒入了一个杯子中。

落魄者此时恍然大悟地说：“水的形状是和杯子一样吗?”

智者还是没有说话，接着他又舀来一瓢水，倒入了旁边的花瓶中。

落魄者又若有所悟地回答：“我知道了，水的形状像花瓶。”

智者摇着头，然后轻轻端起花瓶，将水倒入了旁边的装满沙子的大盆里，水就和沙土融在了一起，一会儿工夫就看不见了。

智者弯下腰抓起一把沙土说：“看看，水就像人的一生一样，就这么消失了。”

落魄者对智者的话思考了很久，最后高兴地说：“我知道了，您是在说这个社会到处都像是一个容器，人就应该像水一样，能够迅速融入到自己身处的这个环境中，但是人也有可能在社会这个容器中消失，就像泥沙中的水一样。”这个人说完之后看着这位智者，期望得到智者的肯定。

智者捻着自己的胡须说：“是这样的，又不是这样的。”说完之后智者带着这个人来到了门外，在屋檐下，智者俯下身子指着石板台阶上一个凹处，对他说：“一到下雨天的时候，雨水就会从屋檐上落下，你看这个地方就是水落下而最终造成的结果。”

落魄者又一次恍然大悟，然后说：“我现在明白了，人应该融入到所处的环境中，但同时也应该像一颗小水滴一样，虽然很柔弱，但是只要坚持下去就能够在坚硬的地方留下痕迹。”智者含着笑，点了点头。

其实大圣人孔子对水也是情有独钟。《孔子集语》所引《说苑·杂言》中讲道：子贡对孔子说：“君子看到大水之后必定会观看，这不知道有什么讲究吗?”孔子则回答：“君子用水来比喻自己的德行，水遍布天下，没有丝毫的偏私，就好比是君子的道德；而水到的地方能够滋养万物，就好比是君子的仁爱；水浅的地方能够流行，而到了深的地方则无法估测，这就好比是君子的智慧；水能够奔赴万丈深渊，这好比是君子的勇敢；水的性格非常柔弱，但是又无微不至，这就好比是君子的明察秋毫；水在遭受污浊的时候并不会退让，这就好比是包容；水能够承受不法，能够澄清，就好比是君子的善化；水进入器皿能够保持水平，就好比是君子的正直；水太满了就会溢出来，并不贪求，就好比是君子的适度；水经历了曲折之后，最终东流，这就好比是君子的意向。”

老子属于道家，孔子属于儒家，但是这两者都对水给了很高的评价，由此可见水的可贵之处。虽然后人很难企及，两位圣人的做人之道，但是我们依旧可以在此学习到做人的方法，从而正确面对人生。就像南怀瑾先生说的一样：“老子讲了太多的关于人生哲学的道理和行为准则，如果这些都集中在一个人身上，那么就十分完善了，这种做法实在难得，或许除了尧舜禹这些古来的先贤，很少有人能够做到了。但是如果我们能够把握一种美德，那么同样可以树立千古的典范。”

南怀瑾先生的这种观点非常可观，虽然很多人一时间无法理解水的这种境界，但是我们绝对可以将其作为一种追求的方向孜孜不倦地努力。就算是学到了其中的一点，也能够让我们终生受用。

学习水的哲学

冲出去了，放之于四海，成为浩瀚的局面，渊远而流长。所以人要效法水的渊远流长，有所本，有根源，永远用不完，取之不尽，用之不竭。

——南怀瑾

首先，像水一样懂得随机应变。

在水深的地方有蛟龙，浅的地方则可养鱼虾；会聚在一起的时候可以成为大浪，分开的时候则也可以滴水穿石……不管外界的条件怎么变化，水都能够根据自己的情况而顺应变化，不争不夺、谦逊包容。如果人能够像水一样，那么自然就可以随机应变，成为一个拥有大智慧的人。

其次，像水一样能够滴水穿石。

水滴的力量可以穿透石头，人则可以做到以柔克刚。这不仅仅可以用于制伏敌人，更多的是一种处世的艺术。柔并不是胆怯的表现，这是一种策略，也是一种坚韧的精神状态。我们要懂得“曲则全，枉则直”的道理，更应该明白滴水穿石的坚韧和耐心。

第三，像水一样能够平心静气。

做人应该像水一样，保持一份纯净的心态，不要过分追求私欲，水的本性就是清澈，但是一旦有意去搅动则会变得混浊。这就像人一样，人的本性是善良的，但是难免会在人世间受到迷惑，就像水中的泥沙一样，如果人心能够像水一样流动，那么就可以洗涤所有的污浊，最终让自己变得毫无杂念。

最后，像水一样做到有容乃大。

大海之所以被称为大海，就是因为它可以包罗万象，能够容纳百川。泰戈尔说过：“当我们是大为谦卑的时候，便是我们最近乎伟大的时候。”人只有在谦逊中才能够懂得人生的真谛。一个懂得谦逊的人，他就能够虚心接受不同阶层的意见，会去请教任何人；一个懂得谦逊的人，他一定拥有包容大度的胸怀，必定能够成就一番事业。

如果做人能够像水一样，那么就会让自己拥有一颗善良的心、一颗能够包容万物的心，这样的人能够积极面对一切，能够正确面对生活，他们会有坚韧不拔的奉献精神；做人如果能够像水一样，就能够随机应变，能够处理一切事物，能够勇往直前。

无欲志则刚

一个人的道德修养要做到“弃天下如敝履，薄帝王将相而不为”，把皇帝的位置丢掉像丢破鞋一样，为了道德和自己的终生信仰以及人格的建立，可以不做皇帝，不要出将入相的富贵功名才是道德修养。

——南怀瑾

“海纳百川，有容乃大；壁立千仞，无欲则刚。”其实在简单的几个字里面包含着太多的提示，为人们指明前进的方向。“海纳百川，有容乃大”讲的是一种做人的胸怀和眼光；而“壁立千仞，无欲则刚”则展示的是人们无欲无求的表现。

“无欲则刚，无求品自高”就是在告诫人们不要成为欲望的奴隶，面对欲望的时候要懂得克制自己，虽然不要求每个人都清心寡欲，但是我们至少可以做到克制自己，这样的人生才是最为真实的人生。

南怀瑾认为孔子所讲到的人格修养如果坚持下去就可以做到“坦荡荡”。南怀瑾认为“求”是一件非常痛苦的事情，如果对人生有所求的话，就必定会惧怕某些人，最简单的例子就是当我们向别人借钱的时候，总是有点惧怕。

人的一生中会遇到很多事情，很多人认为在自己困难的时候愿意向自己伸出双手的人就是自己的贵人，也有人认为在自己生活拮据的时候能够得到援助就是一次机遇……这些虽然都没有错，但是人生更主要的还是要依靠自己，凭借自己的双手为自己获得荣誉和赞扬。

浙江宁波四明山中有一座寺庙叫做雪窦寺，在这座寺庙中经常会出高僧，而寺名也是来源于高僧雪窦禅师。雪窦禅师是一个大慈大悲的人，他不断传播佛法，而其个人品质也非常高，成为了天下人敬仰的对象。

其实雪窦禅师在出名之前就已经是一个值得人们敬佩的人了，他的个人品格和修养非常高，是人们学习的楷模，关于他进寺的过程还有一个故事。

有一天雪窦准备出门远行，在走到大门口的时候遇到了好友曾会，曾会看到雪窦的行装便知道对方准备出远门，于是就问他："你这是打算到什么地方去啊?"

雪窦回答："我想去钱塘看看，也想去天台看看，但是我现在还没有决定到底去哪里。"

曾会听完之后就向他建议："我和灵隐寺的住持禅师的关系非常好，不如你去那里看看，我写一封信，你带着去了之后，他肯定会好好照顾你的。"

雪窦对此不好推辞，就只能等曾会写好了信，然后带着他的信出门了。等到雪窦到了灵隐寺的时候并没有将曾会的信拿出来，而是以一个普通人的身份在灵隐寺中住了3年。

3年之后，曾会正好要出使浙江，在路过灵隐寺的时候便决定去找雪窦，结果他找遍了整个寺庙都没有找到一个叫雪窦的僧人。曾会不甘心，于是便跑到云水僧所住的僧房内，在1000多个僧人里面开始寻找，终于找到了雪窦，曾会非常惊讶，他说："难道你没有拿我的介绍信去见这里的住持吗?还是你将信遗失了啊?"

雪窦则对曾会非常轻松地说："我只是一个普通的云水僧，所以不敢去做你的信使啊。"说完之后雪窦就从自已的包袱里找到了那封信，然后交给了曾会。曾会哈哈大笑，但他还是将雪窦引荐给了住持，灵隐寺的住持因为这件事情很看重雪窦，在苏州翠峰寺缺住持的时候，就推荐雪窦到那里去做住持了。

无求品自高

人类的欲望是无止境的。所谓：天下熙熙，皆为利来，天下攘攘，皆为利往。“名利本为浮世重，古今能有几人抛”。

——南怀瑾

人生在世，会面对很多次成功的捷径，但最终的结果却无法让自己成功。如果一个人没有真本事而是依靠别人的关系取得了一点职位和成功，那么终究他的成功会崩塌。对于一个没有真才实学的人来说，“站得越高，跌得越重”。一个人要想成功就要拥有真才实学。南怀瑾讲到一个人如果没有了欲望就不会去求别人，自然就不会受制于别人，自然就不会有低人一等的感觉，这样也能够展现出自己的高尚品质。

乔治·华盛顿是美国的第一任总统，在美国独立战争的时候，他主动辞去了陆军总司令的职务，然后到蒙特维尔农庄当农民去了，开始重温“在葡萄树和无花果树的绿荫下享受宁静的生活”。之后他在连任了两届总统之后，又一次辞掉了总统的职务，他坚决不搞终身制。不管是乔治·华盛顿的就职还是辞职，都是为了民众，他个人没有索取任何东西，此举充分体现了一个伟人的高大胸怀和将帅风范，也践行了一种“知足知止”的人生哲学。

在 1782 年的时候，美国独立战争已经结束，在胜利之后，一些阶层和集团主张华盛顿可以效仿英国的君主制，让他做美利坚合众国的国王，当时乔治·华盛顿所统领的军队也表示支持，但是乔治·华盛顿对此非常生气，他挥笔疾书：“如果你们对你们的国家还有尊敬之情，如果你们还在为你们的后世子孙考虑，如果你们还尊重我，那么就希望你们在脑海中将这个念头打消，我认为你们的这个念头对于国家来说丝毫好处都没有。”

在1783年12月23日的时候，乔治·华盛顿在安那波斯正式交还大陆军总司令委任状，并且返回到蒙特维尔农庄与家人团聚，成为一个普普通通的平民。

独立之后的美国建立了资产阶级和奴隶主联合专制，但是软弱的联邦政府丝毫没有权力，国库空虚，而且负债累累，很多投机的商人囤积奇货，期望有朝一日能够发一笔横财。但是为革命付出最多的广大人民群众都还过着水深火热的生活，所以美国民众中的不满情绪越来越高。

等到1786年秋天的时候，独立战争的发源地马萨诸塞州爆发了一场谢斯农民起义，美国独立战争的胜利果实正在消失殆尽。因为这个原因，乔治·华盛顿选择了再次出山。

1787年，乔治·华盛顿主持制定了宪法会议。

1789年，乔治·华盛顿凭借着自己的名誉和声望成为美国第一任总统，并且规定每届总统的任职期限为4年时间。

乔治·华盛顿在连任了两届总统之后，于1796年11月发表了著名的《告别书》，离开了政治舞台。但是在1798年，也就是乔治·华盛顿离开人世的前一年，因为美法关系的恶化，他又一次披挂上阵，担任了一支新建军队的总司令，继续为国家效力。乔治·华盛顿是一个不贪图个人荣华富贵的人，他在自己打下江山之后杜绝“终身制”，为了自己的祖国和人民，他鞠躬尽瘁，死而后已，这其实就是他辞职和就职的本质。

南怀瑾一再强调一个具有修养的人应该做到“无欲望”，一个没有欲望的人就不会只考虑自己所追求的东西，一旦达到了这种无所求的地步，那么就可以不受制于别人。君子可以做到安贫乐道，坚守自己的本分，这样的人品才算是高尚的。做到了这些自然就可以承受社会给予的重任，同时自己也可以尽心尽力做好每一件事情。

保持思想的独立

一个人知识的范围包括学问、眼光、气度。一个没有眼光的人，只看到现实，再看远一点也是有限的；一个有远见、有高见的人，才有千秋的大业、永远的伟大。

——南怀瑾

一个人想要在这个社会上立足，不仅仅要依靠经济上的独立，还要在思想上独立。而这种精神上的独立就是所谓的有主见，而远见则是主见的一种。因为一个人如果有远见，就不会被周围的事物所迷惑，也不会被眼前的利益所迷惑，更不会盲从于别人。

一般人看待一件事情只是用眼睛看，所以会受到一定的限制；如果用心去看待问题、去思考问题，那么对事物的认识会更加清晰。

一个目光短浅的人只能看到别人而看不到自己，只能看到一个层面而看不到全部，因此我们要做有远见的人，不仅要看到浅显的道理，而且要看到更为深层次的见识。所以一个人需要有慧眼，懂得用心去看待问题。

“人无远虑，必有近忧”其实就是在讲远见对一个人的重要性。如果我们看不到长远，没有长远的打算和忧患意识，那么就会让自己处在困扰之中，很容易导致最终的失败。

所以说一个人应该有远见，这种远见一方面需要我们不断学习，看清楚以前的历史，一方面还要对之后的发展情况看得很明确。另外，对我们周围的人也应该做到了解，这些都会帮助我们拥有远见。“远见”这个概念其实没有时间和空间的限制。

一个人如果想要有远见，那么就需要看清楚因果，看清楚真理。任何事情都不是凭空想象出来的，更不是凭借自己的主观臆断而捏造出来的，这些需要我们借助自己的知识和智慧才会拥有。

另外，还要培养自己的远见。

首先，一个人应该多用大智慧，少用小聪明。

大智慧是一种可以持久发展的艺术，而小聪明则是短时间达到效果的手段。在大智慧和小聪明方面，我们要看重大智慧，尽量不要去耍小聪明。一个人如果想要拥有远大的见识，就需要多借助于大智慧，而远离小聪明。

其次，一个人应该多用“长寿”的做法，少用“短命”的做法。

在这里讲到的“长寿”和“短命”是两个比喻，意思就是说人应该多一些长线行为，而少一些短线行为，应该看到长远的利益，而不要停留在眼前的利益上。

在这里讲到的“长寿”和“短命”还有两层意思。

第一是事业的长久或者短暂。这一点较好理解，比如，周朝有 800 多年的历史，而秦朝只不过十几年的历史；乾隆做过 60 多年的皇帝，而袁世凯则只有 83 天的皇帝命。很明显前者是长久的，而后者是短暂的。

第二是精神层面的长久或者短暂。比如孔子、老子和庄子等人或者尧、舜、禹等这些贤人，他们的生命虽然结束了，但是他们的事迹却一直在传诵，他们的思想依旧活在每一个人的心中。

一个眼光长远的人懂得追求精神方面的长寿，他们对生命的长度并不是很在意。这是一种常人无法理解的高境界。很多人认为一个人都死了，什么都不知道了，还在乎什么身后的事情。而生与死只不过是一个相对的概念，在我们出生之前，我们的某种形态还存在着，在死亡了之后，同样以另一种形式存在。就像老子说的“死而不亡者寿”。一个肉体消失了而精神不灭的人才是真正长寿的人。

一个人如果想要有远见，那么任何事情就不会去计较了，他们懂得韬光养晦，可以做到“有所为，有所不为”；有远见的人可以放宽自己的眼界，可以不去计较自己的一些得失，不被一些小利益所打动。有远见的人能够知道什么是对自己有用的。当然，有远见并不是眼高手低，只不过是对人、对事物、对周围的事情能够做到一个充分的分析和了解，从而针对未来有更为自信的主张。如果一个人能够有远见，那么就可以高屋建瓴，以致从宏观上把握自己的人生。

第七章

荣辱不惊，清净自守

——听南怀瑾讲心境

建立“忠”和“信”的口碑

作为一个人，应该对自己的精神信仰绝对忠诚，对自己的人生应该绝对信任，对自己要充满自信，为人处世要有自己的行为准则，对待他人要友善而宽容，在自己的周围建立属于自己的“言而有信”的人际关系群。

——南怀瑾

早在几千年的孔子就认为一个人想要让自己的人生得到升华，就需要对自己的心理进行修养。在此之中最重要的就是忠和信两方面。南怀瑾先生解释“忠”为直心直肠，对于任何事情和人物都没有歪曲；另外做任何事情都非常尽心，无论是对自己的事情还是他人的事情，有时候会为此而付出自己的性命。而南怀瑾先生讲到的“信”，主要是自信和信人。一个人需要对自己有自信，而对别人也比较厚道，从而建立起一个言而有信的形象。南怀瑾先生一直坚持认为如果想要让自己的人格高尚就需要做到“忠”和“信”，除此之外就没有更好的办法了。

“忠”和“信”可以算得上是人类社会最基本的道德基础，也是高尚人格的最基本要求。如果能够做到“忠”和“信”，那么就是非常了不起的人物。其实历史上有很多关于“忠”和“信”的故事，其中杨震的“四知”就是其中最为著名的故事。

东汉时期的杨震是著名的清官，后来他先后被调做荆州刺史和东莱太守。在他上任的路上经过了一个叫昌邑的地方，此地的县令王密正是当年他推荐的荆州秀才。在这天晚上，王密前去拜访杨震，并且怀中装着10斤金子，打算将这些礼物送给杨震。杨震看到这些金子之后对他说："你这是准备做什么？我虽然对你很了解，但看起来你不是很了解我啊。"王密则非常神秘地说："都这么晚了，没有人会知道我送你金子的事情。"杨震则厉声说："什么没人知道？'天知道、地知道、你知道、我知道'，难道知道的人还不够多吗？"听完杨震的话之后，王密感到非常羞愧，于是赶紧离开了这个房间。

试想，在夜深人静的时候，在没有任何人知道情况的前提下，杨震是王密的上司，而且又是他的恩师，但是面对王密的重金诱惑，杨震并没有接受，而是表现了自己的铮铮铁骨，因为他认为这种事情是被天理所不容的，我们可以从杨震的身上看到"慎独"的内髓，可以说是历代官员的楷模。故事虽然很短，但是它所包含的道理极其深刻，其实不管是做官还是做百姓，不管是白天还是黑夜，不管是有人还是没人，我们都应该严格要求自己，不要占别人一丁点儿的便宜，这样慢慢就会建立起"忠"和"信"的口碑。

通过这个故事我们可以看到杨震的"忠"和"信"，他的行为是对自己的忠，而他的行为也表现出了做人的信。显然人类精神文明的进步是建立在"忠"和"信"之上的，这也是一个人做人的根本，也是人际关系的根本。

"忠"和"信"其实是人们存在于这个世界上的基础，但是当今的社会中盛行着尔虞我诈、欺下瞒上等，所有的人都生活在这样的阴影之中。

"忠"和"信"就像南怀瑾先生讲的一样，是人生的一种修为和素质。"忠"和"信"是对一个人的道德水平的检验，也是辨别一个人人生修养的标尺。“忠”和“信”应该成为一个良性社会的要求和道德底线，成为衡量一个人的标准。不管什么样的人，还是什么样的地位，都应该坚守“忠”和“信”的准则，要懂得什么事情可以做，什么事情不可以做，要懂得坚持自己的立场，能够做到这些就是君子所为。如果一个人要想别人对自己“忠”和“信”，那么首先自己要对别人“忠”和“信”。

塞翁失马，焉知非福

放不下得失，人生永远无法释怀。其实失去与得到都没有什么了不起。

——南怀瑾

自然界中的所有事物都在经历着变化，所以就会出现盛，也会出现衰，其实人世间的事情也同样如此，任何事情都是有得便会有失。《老子》中说：“祸往往与福同在，福中往往就潜伏着祸。”其实得到和失去也就是这个道理。得到一些东西的同时，我们就会失去一些东西；而同样，失去东西的同时我们也在得到东西，就好比是祸福之间的转换一样。

《淮南子》中记载着这样一个故事：曾经有一个善于养马的人，他的名字叫塞翁，有一天，他的马跑到胡人那边去了，很多人都去安慰他，但是塞翁说：“你们怎么知道这不是一件好事呢?”结果过了几个月之后，那匹马居然领着胡人的好几匹骏马来了，大家都赶去恭贺他，但是他却非常冷静地说："你们又怎么知道这不是一件坏事呢?"当时塞翁家里比较富有，有很多匹马，而且他的儿子非常喜欢骑马，于是有一天他的儿子在骑马的时候从马上摔了下来，并摔断了腿，邻居们又去安慰他，但是他又说："你们怎么知道这不是一件好事呢?"结果过了一年时间，胡人大肆侵略中原地区，年轻健壮的人都去战斗了，而十之八九都战死沙场了，但是塞翁的儿子因为是一个瘸子所以没有出征，最终保全了性命。

塞翁因为失去了一匹马而最终得到了一群马，但是因为这个原因而让自己的儿子变成了瘸子，最终却因为儿子是瘸子而免除了兵役，最后保全了性命。其实得到和失去就是这样，你认为得到的，或许会让你失去更为宝贵的东西，但是谁又能够肯定失去之后又不会得到更为宝贵的东西呢？失去和得到其实一直在转换。

在我们的生活中，很多人都会在乎得到，认为自己得到得越多就越好，但其实并不是这样。得到的东西越多，我们的内心在意得就越多，而心里在意的东西越多，自己的心就越累，又怎么可能过得快乐和开心呢？所以有的时候放弃未尝不是一个合理的选择，或许放弃了会让我们过得更加轻松。

忘掉过去的不快乐

如果你的快乐是某种东西引起的，那么它将会消失，它将是暂时的，它将很快让你陷入深深的悲伤中，所有的快乐都会让你陷入深深的悲伤中。但是，有一种不同的快乐，那是确实表现出来的：你突然没有理由的快乐起来，你不可能精确说出为什么，如果某个人问：“为什么你会如此快乐”，你则不能回答。

——南怀瑾

放弃是一种明智的举动，该得到的时候就得，该放弃的时候就放弃。有的时候人们认为自己得到了很多，但殊不知他们失去的会更多；有时候认为自己失去了不少东西，但或许我们会获得更多。不要因为自己得到了而感觉开心，也不要因为自己失去了而感觉到悲伤。尽自己最大的努力去做好事情，不管是得到还是失去。

南怀瑾先生一直在强调不贪求的心态，其实根本的奥妙和看淡得失是一个道理。如果关注得到和失去的太多，那么就很容易让自己遭受灾祸。要懂得在盈余的时候放手，同时也要懂得在亏欠的时候更加努力。在得到和失去之间，一方面要懂得勇气，另一方面更需要智慧。毕竟舍得这两个字不是随便什么人就可以做到的。

我们来看这样一个有趣的例子。

曾经有一位男孩和自己的女朋友做了一个小实验，男孩故意让女孩将钱包、钥匙和电话本丢掉，看她最紧张什么，结果他发现当女友丢失电话本的时候最为紧张，而他发现自己会因为丢失钥匙而紧张。经过这个小实验可以得出一个结论，女孩是一个怀旧的人，而男孩则是一个现实的人。

后来他们分手了，女友的确被过去的这段感情纠缠了很久，这段爱情一直让她念念不忘。但是走出这段爱情的男孩早早结婚，然后成为了人父，女友一直在后悔和自责，认为如果当初自己坚持到底，那么就不会错过自己喜欢的人了。有人问女孩，这样自责下去会有结果吗？女孩说没有，然后别人就劝她放弃，但是她感觉自己根本放弃不了。其实不是放弃不了，只是女孩不愿意放弃。

“苦海无边，回头是岸。”对于这样一句耳熟能详的句子，很多人就是不能做到，很多时候人们的烦恼是自找的。

将过去的那些不高兴忘掉，不要总是想着那些无法挽回的事情，如果整天想着这些，那你的人生就不会有所发展，自然就不会迎来崭新的一天。

很多人都是担心失去，所以在做事情的时候总是患得患失、畏首畏尾。其实这种人最终还是会失去自己担心失去的东西。这样的人不敢放手去做自己想要做的事情，所以就没有办法尽力，失败就成为了一种必然。南怀瑾先生说过，为人做事应似“风过竹林，雁过长空”，“事来则应，过去不留”。为人处世中应该有一份洒脱，而不是一味唯唯诺诺和患得患失。古今中外成大事的人都是宠辱不惊的，他们都是当机立断的人，他们对于失去和得到看得很清楚。

抛弃患得患失的习惯

患得患失，百事不成。

——南怀瑾

后羿是古时候著名的射手，他射术高超，一身百步穿杨的本领让人佩服，无论是立射、跪射还是骑射，他样样精通，几乎从来没有失过手，人们也都纷纷传诵他的射术高超，都对他非常敬佩。

夏王听说了后羿这位神射手，于是就想亲眼看看这位神射手的风采。有一天，夏王将后羿召入宫中，单独让他给自己一个人表演，希望能够看到后羿精湛的射术。

夏王让人将后羿带到了自己御花园的一个空旷地带，让人给他拿出了一块一尺见方、靶心直径大约一寸的兽皮箭靶，然后用手指着说："今天将先生请来，就是想领略一下先生的射术，希望先生能够展示一下，现在这个箭靶就是你的目标，为了让这次表演有看头，我决定制定一个惩罚和奖励的规则，如果你射中了的话，我就会赏赐给你黄金万两；但是你要是射不中，那么我就会削减你的1000户封地，现在就请先生赶快开始吧。"

后羿听到夏王的话之后，一句话都没有，面色非常凝重，他慢慢走到射箭的地方，脚步非常沉重，接着他拿出一支箭，然后搭上弓弦，做好姿势准备着开始射箭。

但是后羿想到自己这一箭射出去的后果，一下子变得不再镇定，连呼吸都急促起来，就在他瞄准了好几次之后，终于还是松开了弓弦，可是射出去的箭并没有射中靶心，后羿的脸一下子吓白了，他再一次拈弓搭箭，但是精神一直不能集中，射出的箭更是偏得离谱。

后羿收拾了自己的弓箭，然后勉强笑着对夏王告辞，他离开了王宫，夏王对此也非常失望，但他还是感觉非常疑惑，于是就找来手下的一些大臣，问他们："后羿本来是一个非常出色的神射手，以前总是百发百中，但是今天为什么却一直射不中呢？莫非是和奖罚措施有关系？"

夏王的手下说："后羿平常射箭只不过是练习，他能够保持一颗平常心，水平自然就能够正常发挥了，但是今天他知道自己射出的弓箭和自己的利益有很大的关系，所以他的心中有所牵挂，自然就有失水准了。臣认为一个人只有将奖惩置之度外，才能够成为一个当之无愧的神射手。"

其实后羿之所以发挥失常就是因为他太在乎结果了，因为他一直在患得患失，所以将大部分的精力放在这方面了，自然不能将大部分的精力放在射箭上，精力花在了胡思乱想上，那么做事情又怎么可能成功呢？

其实患得患失就是担心得失，总是计较自己的得失。患得患失的人总是给自己的人生加上了一道精神枷锁，就像是附在人身上的阴影一样，是浮躁的一种表现形式。一个人患得患失，太重视自己的利益，必然会成为自己成功的阻碍。我们应该从后羿的身上汲取教训，面临任何情况我们都需要保持一颗平静的心态。

《老子》中说："名与身孰亲？身与货孰多？得与失孰病？是故甚受必大费，多藏必厚亡。故知是不辱，知止不殆，可以长久。"其实就是对人一生中的名誉、名声和生命的比较。自身和财物比起来，哪个更重要一些呢？而得到名利和丧失生命比起来，哪一个又是真正的得到，哪一个又是真正的失去呢？过分追求名利地位的人，只能让自己付出更大的代价。虽然看起来好像得到了一些东西，但其实最终会让自己失去更多。对于名利和地位这些东西的追求应该适可而止，要不然最终失去的会更多，甚至丧失自己一生中最看重的东西。很多人总是分不清自己想要的是什么，他们太注重表面上一些重要的东西，从而最终失去了自己真正的目标。

其实很多时候得到了不一定就是好事情，而失去了也不一定就是坏事情。我们需要正确看待我们个人的得失，不要患得患失，这样的人才能够真正有所得。人不应该为了表面上的一些得到而沾沾自喜，对于看待人以及看待事物都需要从最根本上入手。得到也应该得到自己真正想要的东西，不要为了一些虚假的东西而迷惑了自己的双眼。失去的东西虽然很可惜，但是我们还是要看清楚自己失去的是什么东西，很多时候失去会变成更大的获得，就比如上文提到的塞翁的故事。正确看待人生中的得到和失去，妥善处理人生中的各种事情。

远离功名利禄

> 人生幸福的境界应该是只问耕耘，不问收获。人生最难得的就是安于自己的现状，但不是不求进取，而是淡泊名利，做到安贫乐道，这样才会走出自己魅力而灿烂的人生，这样的人才不会成为物欲的俘虏。
>
> ——南怀瑾

子曰：“士志于道，而耻恶衣恶食者，未足与议也。”南怀瑾先生讲到一个人如果立志于修道，排除那些出家为僧为道的人之外，如果想要在儒家方面有所修养，那么就是要去做一些救助别人的事业。其实关于此，也是孔夫子讲到的千秋大业。

如果一个人要立志于儒家的修道，但是又嫌弃物质环境的艰苦，对自己穿的衣服、对自己吃的食物都挑挑拣拣，也就是说一个立志于修道的人却要享受荣华富贵，那么这种人就没有办法救了。一个贪图享乐的人的心智被所有物欲所吞噬，而孔子讲到的修道就是要安贫乐道，不要成为物欲的俘虏。关于这一点，孔子和南怀瑾先生之间有相同的认识。

屠格涅夫曾经说过："人生的最美，就是一边走，一边捡散落在路边的花朵，那么一生将美丽而芬芳。"有一些人总是将自己放在一个很高的位置上，然后努力去实现自己的理想，但是却一无所获，其实他们可能没有发现自己所追求的本来就是无法实现的痴梦，那是一种对生活绝对的欲望，他们的这种欲望永远无法得到满足，最后他们终究会成为物欲的俘虏。

老子说："祸莫大于不知足，咎莫大于欲得。"其实就是在告诫人们应该远离功名利禄，要看淡周围一切的成败，不要将自己的期望值定得太高，更不能让自己处于煎熬的地步之中。欲望是人生的一门选修课，不要太在意，同时也不能让自己太累。人只要能够做到坦然面对生活中的欲望，能够有自己的立场，不要被眼前的一切所迷惑，那么就是一种成功。

恰当取舍，才能拥有快乐

没有谋国的思想，没有忠贞的情操，只为个人的利益而计校，深怕自己的权力地位失去，于是不考虑一切，什么手段都用得出来，打击同事、打击好人、嫉妒贤才等等都来了。

——南怀瑾

曾经有一天，无德禅师正在寺庙中除草，此时迎面走来了3个信徒，他们看到无德禅师之后行礼道："禅师你好，我们听别人说佛教能够解除人们的痛苦，但是我们现在已经信佛很多年了，我们并没有得到所谓的快乐，我们就是想向您请教这个问题。"

无德禅师看了一眼这3位信徒，然后放下手中的锄头说："其实人生要想快乐并不是一件很难的事情，首先要做的就是弄清楚自己为了什么而活着。"

3个信徒听完无德禅师的话之后都茫然地相互看了看，因为他们都没有料到无德禅师会对他们说这些话。

过了良久，其中一个信徒对无德禅师说："人活着的原因就是因为惧怕死亡啊，我想死亡应该是一件非常恐怖的事情吧，所以很多人就惧怕死亡，总是相信一个道理——'好死不如赖活着'。"

听完第一个信徒的话之后，第二个信徒也说："我现在活着就是为了拼命劳动，为的就是能够在死之前看到粮食满仓、子孙满堂的幸福生活，我这样做也是为了能够实现自己的人生目标和追求。"

第三个信徒听完前面两个的讲话之后说："我没有他们那么高的理想和

奢求，我现在活着的唯一理由就是要养活我的一家老小。”

无德禅师听完3个信徒的讲话之后笑着说：“难怪你们无法快乐，因为你们的脑海里全部都是死亡、年老和被迫劳动，而不是人们应该想的理想、信念和责任。如果你们的脑海中没有这些的话，那么自然会感觉非常劳累了。”

3个信徒对此非常不以为然，其中一个说：“理想、信念和责任说起来是很容易的一件事情，但是这些总不能当饭吃，没有了物质生活的保证，我们哪里来的信念、理想和责任呢？”

无德禅师听完之后还是摇了摇头，对他们说：“你们说说，在你们的理解中拥有了什么会感觉到快乐呢？”

第一个信徒说：“我认为人一旦拥有了名誉就等于是拥有了一切，所以我认为拥有了名誉是最快乐的事情。”

第二个信徒说：“我想人如果拥有了爱情，那么就会体会到爱情的甜蜜，拥有不一般的快乐，所以我认为爱情是最重要的。”

第三个信徒则说：“我认为人如果有了金钱，那么想要什么都可以得到，所以我认为拥有金钱才是最快乐的事情。”

无德禅师听完之后则说：“那么请允许我再问你们一个问题：‘为什么还是有些人拥有了名誉还是感觉很烦恼？拥有了爱情却还是感觉很痛苦？拥有了金钱却还是时常发愁呢？’”信徒们听完之后又一次无言以对，他们只能看着无德禅师，希望得到对方的答案。

无德禅师看着他们说：“理想、信念和责任并不是空洞的东西，更不是可有可无的东西，其实这些一直体现在我们的生活中，人如果改变了自己对待生活的态度和观念，那么生活的本身就会悄悄发生变化。人的名誉需要服务于大众，只有这样才会拥有快乐的感觉；人的爱情如果是奉献于他人的，那么才能够拥有意义；一个人的金钱如果是布施于穷人的，那么这样的金钱才更有意义。”

人的一生中总会面对选择，这种选择时常会将人们置于十字路口，很多人会在十字路口不断徘徊，因为他们已经迷失了方向，不知道自己该何去何从。人生的前方一边是名利，另一边就是幸福，关键是要看人们舍弃的是哪一边，而选择了哪一边？虽然这是一个很难决定的时刻，但是真正能给自己做主的还是自己。我们只要随着自己的一颗心走下去，那么就可以获得幸福，最终远离名利。

保持沉稳的心态

有些人连最基本的修养都没有，当他们拿不到功名权力的时候，就"患得之"，怕得不到而打主意、想办法，爬上这一个位置。等到爬上了这个位置，权力抓在手里了，又"患失之"，怕失去了已经得到的权力。患得患失是说明私欲太大，没有真正伟大的思想、伟大的人格和伟大的目标，只为个人利害而计较。

——南怀瑾

南怀瑾先生在刚到中国台湾的时候，和别人一起合资办了一个"义利行"做生意，在"义利行"刚开张的时候生意还不错，但是好日子没有过几天，就遭受了一场灭顶之灾。

有一天中午，在舟山做生意的合伙人突然找到了南怀瑾，对方面如土色，而且一副狼狈的样子。合伙人刚从舟山下船就来到了南怀瑾面前报告：国民党准备要撤退了，而3条用来做生意的船也被他们征收了，用来运送国民党的士兵，现在3条船的汽油全部被烧掉了，已经损失了黄金3000多两了。合伙人说完之后表现得很惭愧，他感觉非常对不起南怀瑾。

对于刚刚起步的“义利行”来说，这一次打击非常大，几乎将老本全部赔光了，还搭上了很多血汗钱。任何人遇到这种事情都不会感觉无所谓的。但是南怀瑾先生听到这个消息之后却表现得非常淡定，他像以前对待钱财的态度一样，只是轻轻地对那位合伙人说：“不是什么大不了的事情，你先回家去，好好洗个澡，然后再睡一觉，等到明天的时候再说。”

不要说到明天了，就算是给南怀瑾先生一个月的时间，估计也无法让“义利行”起死回生，在一夜之间，他由一个有钱的老板变成了一个穷光蛋，估计要靠典当衣服来过日子了，生活完全陷入了一种困境之中。通过这件事情可以看出“义利行”的破产对于他来说意义重大，是彻底关系到自己利益的事情，但是南怀瑾先生还是泰然处之，完全不将其当一回事，算得上是“不患得失”的典范。

南怀瑾先生听到这个消息之后，之所以这样淡定，一方面是因为他的性格比较沉稳，另外一方面是因为他不在乎个人的得失，如果换成是一个“患得患失”或者将自己的利益看得很重的人的话，那么他肯定会火冒三丈的。

其实“患得患失”的这种毛病在很多人身上都有，“患得患失”其实就是对自己的利益看得很重，有点斤斤计较。其实这种毛病影响的不是别人，而是自己。一个人如果做任何事情都“患得患失”，那么往往会在自己的优柔寡断下丧失很多次机会；另外在做事情的时候肯定会紧张不安，从而导致错误的出现，最终导致失败。我们可以效仿南怀瑾先生，在做事情的时候不要患得患失，这样我们就可以成就一番事业了。

看淡得与失

患得患失的人也并不都像孔子所说的哪样会无所不用其极。我们每个人都或多或少有些患得患失的毛病，绝大多数人不会采用不正当手段，这种毛病的直接伤害对象往往不是别人，而是自己。为什么呢?这种毛病使我们该下决断时迟疑不定，因而错过机会;使我们做事时因紧张不安而出现不该有的失误，遭致意外的失败。

——南怀瑾

春秋战国时期，楚庄王有一把宝弓，但是突然有一天找不到了，于是所有的大臣们都惊慌失措，甚至全国的人都为此而震惊，为了找回这把弓，全国上下搞得鸡犬不宁。后来找弓的这件事情让楚庄王知道了，他就告诉自己的部下不要去找了，他说：“你们就不要再找了，我现在丢失了一把弓，但是楚国的其他人得到了一把弓，‘楚人失弓，楚人得之’，反正是自己人得到了，这有什么关系呢?”部下们听到之后非常高兴，同时也为楚庄王的大度而折服。

得到和失去本来就是很正常的事情，不论得到什么还是失去什么都是可以理解的事情。上天永远是公平的，当你失去一个东西的时候，必然会得到其他的东西来补偿。就像南怀瑾先生说的一样：“其实失去和得到都没有什么了不起的。”

有些时候我们需要忍受一时的失去，才能够有之后的得到。如果无法忍受小的失去，那么就不会有大的收获。有句话叫做“小不忍则乱大谋”，这句话放在得失上同样受用。我们需要学会看淡失去，看淡了失去就会有更大的得等待着我们。有些人无法理解其中的含义，那么自然就无法换来更长久的得到。

北宋时期的孙伯纯，名孙冕，曾以史官的身份出任海州知州。海州离大海很近，当时发运使准备在海州设置3个盐场。孙伯纯自上任以来关心百姓疾苦，为政清廉，善于审时度势、权衡利弊，深得民心。他对设置盐场这件事情一直持反对意见，他再三考虑，还是决定上书朝廷，反对在这个地方设置盐场。发运使派人亲自来到海州，坚持要在海州建立盐场，孙伯纯还是据理力争，力陈利弊，不肯妥协。

但是百姓也都没有站在孙伯纯的一边，因为他们认为在这个地方设置盐场的时候可以从中获利很多，会有很多就业机会，可以得到很多收入，所以他们都不愿意支持孙伯纯。

孙伯纯其实是从大局考虑的，他坚持自己的看法，并且对乡亲们说："虽然设置盐场可能会在短时间内收益，让大家在极短的时间内过上几天好日子，但是现在的盐实在是太多了，运不出去也卖不掉，最终会给大家带来大祸的，那个时候损失就会更大了。不但会损害到大家的利益，而且国家的利益也会遭受损失的。"孙伯纯的话说得非常动情。

因为孙伯纯的极力反对，最终在海州设盐场的事也只好被搁置下来。但是时隔不久，孙伯纯就被免职了，朝廷还是在这个地方设置了3个盐场，等到盐场设置之后，当地的百姓其实没有得到任何好处，被派的公差和徭役比过去繁杂得多，社会秩序也每况愈下。

经过几年时间，3个盐场卖不出去的盐已经堆积如山了，卖又卖不出去，运又运不走，最后导致朝廷吃了大亏。当地的很多富豪都纷纷破产了，而很多盐民也失业了，社会秩序变得非常不稳定，人们都开始怀念孙伯纯，但是现在已经晚了。

孙伯纯作为当地的行政长官，在具体分析了当前的局势以及合理预估了未来的发展之后，并没有盲目地增加投入和扩大生产，他没有在乎眼前的利益，他看到的是更长远的发展。但是继任者就没有这个卓识的远见，他们只是看到了眼前的利益，只是看到了局部的利益，从而不仅坑害了百姓，而且让国家也遭受了巨大的损失。

由此可见如果不能正确看待得和失，那么就会带来巨大的灾祸。兵法中说："三军之灾，起于狐疑。"在这里提到的"狐疑"，其中就含有"患得患失"的因素：总是不能确定自己的想法，一会儿担心这个，一会儿又担心那个，进攻的时候担心别人抄了自己的后路，而在防守的时候又担心敌人断了自己的粮路，后退的时候担心中了别人的埋伏等等一直在计较着得到和失去，最终让自己什么都做不了。

在我们的生活中同样是这样，很多事情最终的失败都和自己的计较得失有很大关系。我们做不成事情有时候并不是因为能力不够，也不是条件不足，更不是机遇不好，我们之所以没有得到成功，就是因为我们患得患失，我们不能够以平常心去对待任何事情，所以制约着我们不能正常地发挥能力。当然，一个人如果要做到不"患得患失"，需要一个长期的过程，而不是一蹴而就的。

要有自处之道

一个人要做到在治平之世里而不被埋没才华和能力，在混乱之际不会遭遇生命的危险，实在是件难得的事情，这样的人生很不容易。君子固穷，君子不管身处什么样的环境，都会坚守自己的本分，能够安贫乐道地享受现在的生活，而不是去追求与自己的生活不相协调的物质生活环境。

——南怀瑾

子谓南容："邦有道，不废；邦无道，免于刑戮。"南容是孔子的弟子，听到这句话我们能够看到孔子对南容的评价非常高。南容在国家有道的时候可以做官，而到国家无道的时候同样可以免除杀戮。

南怀瑾先生认为一个具有才华的人，大多都是锋芒凌厉的人，这种人一旦不得势就会满腹牢骚，在其内心深处有一种"当今天下，舍我其谁"的感慨，有的则会像三国时期的周瑜一样对着诸葛亮发出"既生瑜，何生亮?"的感慨，南怀瑾先生认为这些牢骚和感慨都是那些有才华的人所具有的，而且这种牢骚和感慨都很严重。

很多人认为，当一个人拥有了金钱和名誉之后就会变得幸福，事实上很多人也是将金钱和名誉作为评判一个人是否幸福的标准。但无论是功成名就的人，还是穷困潦倒的人，他们都无法用金钱和荣誉来定义自己的幸福。一个拥有太多钱财的人会害怕自己有一天失去这些东西，而对于一无所有的人来说，他们又急于求成，想要获得更多的东西。其实这些都是他们没有看懂幸福的表现，所以他们也不知道什么是幸福，自然也不知道自己存活在这个世界上最好的方法是什么。

南怀瑾先生在不同场合多次肯定南荣的智慧，南荣是那种不会被社会遗弃的人，在太平盛世的时候自然少不了这种人。我们经常说“乱世出英雄”，在那些混乱的年代，我们会发现社会上有很多有才华的人，而且他们面对的艰难险阻也很多，有的人甚至还会失去自己宝贵的生命。南荣可以算是乱世里的英雄，因为在南荣的这个时代，他能够善于自处，能够做到自守之道，就不会在那个时代遭受杀身之祸，自然就会免除刑戮了。

南怀瑾先生认为南荣善于用世，认为他不但拥有用世的才华，而且还懂得自处之道，就像孔子说的那样，南荣可以做到“邦有道，不废；邦无道，免于刑戮”。其实透过这两句话，我们同样可以看到孔子的处世原则，一个人最难做到的是不能够认识自己，不能够认清自己。如果做到了这两点，那么就可以在任何时候、任何地方保全自己了。

荣辱不惊，清净自守

> 生命的能量来自宁静。譬如一杯水，乱搅动的时候，是看不清楚的，沉淀下来就能看透了。
>
> ——南怀瑾

有一次，一个新来的僧人问惟宽禅师：“我想问一下，不知道狗有没有佛性？”

惟宽禅师非常轻松地说：“狗当然是有佛性的。”

这位僧人又问：“那么马有没有佛性呢？”

惟宽禅师回答："马也是有佛性的啊。"

僧人就感觉不理解了，他又问："那么，为什么这些动物都有佛性呢？"

惟宽禅师则笑着说："因为它们都是众生，在佛的世界里众生平等，所有众生都有佛性。"

僧人对此表示更加疑惑了，他又说："既然是这样，那么，我想请问禅师，你有佛性吗？"

惟宽禅师则看着僧人说："我没有佛性。"

僧人非常吃惊，盯着惟宽禅师说："您不是说众生平等，众生都有佛性吗？怎么您倒没有了呢？"

惟宽禅师则说："我没有佛性的原因是我不是你所说的众生。"

僧人对此更不能理解了，他说："既然您不是众生，难道您是佛吗？"

"我当然不是佛。"惟宽禅师对僧人说。

僧人则又问："那么您究竟是什么？"

惟宽禅师则摇着头说："我并不是你所说的'什么'。"

惟宽禅师的话让僧人越来越迷惑不解了，他说："那么您能告诉我佛性到底是什么吗？是人们经常能够看到，或者能够想到，或者是人们能够感觉到的什么吗？"

惟宽禅师说："佛性不是你所说的这些，佛性其实就是悟道。"

惟宽禅师此时看着新来的僧人，然后反过来问他："种地的时候没有水、贫瘠的田地里没有肥料，你认为可以耕种吗？"

新来的僧人毫不犹豫地说："当然不能。"

惟宽禅师于是接着问："那么你认为在荒田里注满水，在贫瘠的田地里施肥，就一定能够种出粮食吗？"

新来的僧人则非常疑惑地说："这个也不一定。"

惟宽禅师则继续问道："那再问你一个问题，你认为香里有没有佛？油里有没有佛？"

僧人则非常坚决地说："当然没有。"

惟宽禅师又问："那么你认为买来香和油，然后能烧出佛来吗？"

"当然不能，但是我还是想让您直接告诉我佛或者佛性到底是什么？"僧人再一次询问惟宽禅师。

惟宽禅师最后非常淡定地说："真正的佛其实就是一种澄净的智慧，同时也是一种明亮的行为，佛并不是通过烧香磕头就可以做到的。一个人的人生如果能够做到不争执、没有欲望，能够深谙处世之道，那么这就是佛了。"

清以自守其实就是佛性，人生最难得的就是清以自守。其实修养佛性不单单是如此，其作为人生的修养也非常重要。

《幽窗小记》中有这样一副对联："荣辱不惊，看庭前花开花落；去留无意，望天空云卷云舒。"其实就是在讲人们应该淡泊名利，得到了不感觉开心，而失去了同样不感觉到忧伤，不要太在意得失，同时也不要太在意成败，更不要太在乎别人对你的看法和意见。人生在世，只要坚守自己的本分和原则就很不错了，一个人要懂得安守本分就不会沉迷于落魄。无论是乱世还是盛世，我们都要懂得善用自己，需要自己出头的时候就不能退缩，同样，需要隐退的时候就不要强出头。其实人生真的就像一场戏，不管是在台上还是在台下都可以精彩。

看淡名与利

洒脱是人生的一种境界。洒脱不是无所事事、不思进取，也不是看破红尘、心灰意冷，更不是声色犬马、纸醉金迷。洒脱是一种世事洞明的豁达、一种淡泊名利的超脱、一种有所为有所不为的风度。洒脱不是放弃，而是放下，放下不切实际的幻想，放下无法更改的过去，行云流水，任其所之。

——南怀瑾

在现实社会中很多人都幻想着能够一夜成名，或者一夜暴富，这样的话，他们在世界各地都可以被人们熟知。其实这些人的成名大多都依靠于一时的机遇，另外加上自己的实力，假如一个空壳子摆在那里，就算是有万人追捧，最终也成不了名的。

南怀瑾先生有一次讲到古代的人想要成名的方法和现代的人有一定的区别，今天的人会大胆表露出自己的想法，或者找个机会去展现自己的能力；而古代的人如果有了新的想法，或者想要展示自己能力的时候，总是依托于古代已经过去的人的名义。

人们往往所看重的是那个名，而不是名下面的那个人，由此可见名利是非常虚幻的东西，就好像南怀瑾先生说的一样，一个人的成名其实没有任何道理。

为了证明自己的这个观点，南怀瑾先生特地讲到了《文心雕龙》的例子。南怀瑾说古代从事文学的人，他们几乎都读过刘勰的《文心雕龙》，这本书是中国古代最高的文法，但是人们所知道的刘勰以及他的《文心雕龙》极具传奇色彩。

刘勰幼年的时候家境非常贫寒，但是他特别喜欢读书，曾经居住在南定林寺里，所以后世有很多说法说他是在庙里长大的。刘勰在32岁的时候开始写《文心雕龙》，经过5年的时间终于完成了。在当时，刘勰没有一点名气，想要成名或者得到重视几乎不可能，但是刘勰是一个聪明的人，他想到了一个快速成名的办法，就是借助名人效应，于是他想到了当时很有名气的沈约。

沈约当时是非常著名的大文豪，于是刘勰就拿着自己书稿中的一部分去拜访沈约，沈约看到刘勰的书稿丢到一边之后非常平淡地说："年轻人，如果想要成名还需要更加努力。"说完这句话就让仆人送他出去。沈约的话让刘勰大受打击，但是他并没有放弃自己的理想，于是他拿着书稿想要找其他的办法。

等到半年之后，刘勰再一次找到了沈约，还是带着自己的书稿，只是对其中的一些段落进行了修改，这一次刘勰并没有说这部书稿是自己的，而说是古代一位大文豪的绝世稿，他只是机缘巧合拿到了这部稿子，所以带过来让沈约看看。没想到沈约看完之后大加赞赏，此时刘勰才说出这就是半年前让他读的稿子，而且还被否定过。

沈约听完之后感觉非常惭愧，从此之后刘勰也得到了沈约的赏识，最终自己也慢慢有了名气，成为了中国文学史上一位重要的人物。

世界上想要借助别人的名气然后让自己成名的人不在少数，但是最终是否成名还是要看自己是否能把握好，如果能够做得好且做得巧那就更好了，自然会有名气。刘勰在没有得到沈约的赏识之前真的可以说是一文不值，没有多少人认识他。而在得到了沈约的肯定之后，"一举成名天下知"。通过这个故事我们可以看到刘勰的不懈努力，同时也看到了名利本就是虚的东西。

天虚我生是以前上海生产无敌牌牙粉的工业大老板，他年轻的时候非常贫困，靠着自己的学问在报社等地方通过投稿来谋求生活的出路，虽然他投稿的次数很多，但是能够见报的却不是很多，大多数都是石沉大海，后来经过他的不懈努力，他开办了民族工业，在上海的商界也有了一点名气，此时很多的杂志和报社都纷纷找到他，希望他能够为他们的杂志和报社写一点文章，而且给的稿酬都非常高，于是天虚我生将过去被退回来的稿件再一次寄过去，结果所有的都被刊登了出来，而且得到了很多人的夸奖。

其实在一个人成名之后，他的生活会变得很不一样。成名前只不过是一个普普通通的人，走在大街上根本就没有人会理睬，但是一旦成名了，就会成为万众瞩目的对象。就像天虚我生被退回来的书稿一样，一旦成名了之后，随便写的什么东西都可以被刊登，真的是有“一人得道鸡犬升天”的气势，这就是一个人成名前后的不同地方。

南怀瑾先生一直认为成名没有任何道理可言，成名真的并不是完全依靠于真才实学，有的时候真的是需要一个机遇，一个人就算是才高八斗，如果没有非常合适的机遇或者没有得到其他人的赏识，那还是没有用。

第八章

舍得名利，外方内圆

——听南怀瑾讲为人

处世要“行方”而“智圆”

越保守的人越有自己的范围，结果变成固执，变成黏胶一样，自己不得解脱，被它胶住了，就是佛家所讲的执著。

——南怀瑾

一个人为人处世要做到“行方”而“智圆”。所谓的行方其实就是做人要有棱角，要有自己的原则，要有自己的骨气和尊严，时刻不被别人所侵犯。比如说，经商就一定要做到一个“诚”字，一个做大生意的人是懂得诚实的人，他以诚实求发展，绝对不会做出欺诈行为的。如果仅仅为了一点蝇头小利而欺诈，那么就会失信于人，之后就很难再发展下去了。

另外，一个人在做到“行方”的同时还要做到“智圆”，也就是说一个人为人处世要周到细致，要懂得谨慎干练，然后将事情做到圆满。当然，这里的“圆”并不是说做人要圆滑。而是一种具有智慧的圆通，一种大智慧。一个拥有这种大智慧的人不会因为看到别人的缺点而盛气凌人、横加指责；也不会因为坚持自己的看法而让别人感觉到恐惧；更不会做出附和别人、随波逐流的事情。当然，这种智慧是一种高深的学问，需要不断积累方能够做到。

黄炎培曾经给自己的儿子讲过 4 句话：“和若春风，肃若秋霜；取象于钱，外圆内方。”他就是希望自己的儿子能够像铜钱一样做到外圆内方，对别人能够像春风一样和善，对自己则像秋霜一样严厉。他的这种观点和南怀瑾先生所推行的“外圆内方”的做人准则不谋而合。

另外，一个“外圆内方”的人并不仅仅只是做到不要咄咄逼人，还应该做到处理事情的时候不要过于较真。

过于较真的人往往是固执、做事死板的人，他们做事情容易走进死胡同。所以南怀瑾先生告诫我们，做事情不要一条道路走到黑，也不要只认死理，要知道自己所拥有的以及看到的未必就是真理，要尊重持不同意见的人，或许别人的观点是正确的。

一个为人处世过于认真的人在他的生活中不是黑就是白，不是对就是错，并且以此认为自己很有原则。这种人在生活和工作中很难拥有一个综合的观点。其实世界上有很多事情都是灰色的，算不上对，也算不上错。我们在处理事情时一定要注意这种灰色地带的存在。

而且一个过于较真的人比较保守，就像南怀瑾先生说的一样："越保守的人越有自己的范围，结果变成固执，变成黏胶一样，自己不得解脱，被它胶住了，就是佛家所讲的执著。"

所以，在我们为人处世的过程中不要太过于较真，有时候马虎一些会更好，所以我们要放下心中的固执，将自己的心智开拓出来，从而给自己和别人都留有余地。

在为人处世的过程中如果能够懂得转换自己的思维方式，对于同样的一件事情有不同的认识，从不同的角度去看待，而不是只停留在坚持自己的看法上，这样可以避免固执己见。

对于我们生活或者工作中的一些不良习惯，我们也应该试着去改变，因为这样同样对我们有很大的帮助。比如在公共场合大声说话、乱扔垃圾……这些行为都应该避免，改掉这些小的行为其实就是不较真的表现。

不管是转换自己的思维方式也好，还是改变自己的生活习惯也罢，最重要的还是要修正自己的理想。一个人如果拥有了更高的理想，锁定了自己的未来目标，那么他就可以于不自觉间改变自己的错误，也会更明白如何为人处世。

过于较真的人的感情更为自私和执著一些，如果是他所关爱和喜欢的，那么都是好的；而一旦是自己不喜欢的，那么就都是错的。而感情上的执著和自私很容易诱发让人犯错，因为感情容易遮蔽一个人的双眼。而一个无私的人、一个公正的人，他做事情就不会过于较真。

当然，这里所讲到的做事情不要太过于较真，并不是鼓励人做事情不认真，只是在说人在做事情的时候不要太死板，要懂得变通。做事情的时候要灵活，能够给他人留有余地，这种做法其实也是在善待自己。

宽容对待别人

一个人如果想要做任何事情都不能以自己的脾气性子来办事，这样很容易给自己和别人带来一些负面的影响。人在做事情的时候应该从大处着眼，这样就能看到自己身上的不足之处。“爱之欲其生，恶之欲其死。”是人类最大的，也是最愚蠢的缺点。

——南怀瑾

朱元璋能够建立明朝，大将军徐达在此中起了很大的作用。徐达是从小和朱元璋一起放牛的玩伴，长大之后他们一起夺得了天下，为明朝的建立立下了不可磨灭的功劳。徐达是一个有勇有谋的人，而且在为人处世方面也深得人心，他从来不居功自傲，对待别人也非常宽容，正是因为这个原因，他得到了朱元璋乃至全军的喜爱。

徐达在担任将军的时候一直和士兵们同甘共苦，得到了士兵的钦佩。一旦遇到了军粮不够的时候，徐达会主动将自己的口粮拿出来和士兵们一起分享；大军在安营扎寨的时候如果士兵们没有休息，那么他就不会独自进帐内休息；如果士兵中有人受伤了或者得病了，他会第一时间去慰问，并且亲自给士兵们端茶倒水；如果遇到有士兵牺牲了，他会更加重视，筹集棺木将士兵们安葬。也正是因为这些原因，明朝的将士们对徐达非常感激甚至非常敬佩。

徐达在生活方面也不贪图吃喝玩乐，根据史书中的记载：“妇女无所爱，财宝无所取，中正无所疵，昭明乎日月。”有一个故事讲到朱元璋曾经赐给了徐达一块非常好的土地，地理位置也非常好，但是这块地却是农民的水路必经之地，徐达的家臣们看到了这个有利的条件，于是利用这块地向农民们收取钱财，徐达知道这件事情之后，就立即将这块土地交给了当地的官府。

朱元璋在建立了大明王朝之后经常动用很重的刑罚，杀了一些功臣，根据统计，其杀害了将近10万人，但是徐达最终却得以善终，这在朱元璋所统治的明朝里是非常罕见的，甚至说是一个奇迹。徐达在南京病逝之后，朱元璋为他而罢朝，恸哭不已，还追封他为中山王，并且将他的画像挂在了功臣庙的第一个，朱元璋一直称呼徐达为“大明第一功臣”。徐达能够逃过朱元璋诛杀功臣的屠刀，由此可见徐达在人情世故方面的工作做得多么好。

南怀瑾先生认为很多人就是将自己的观点强加到了别人的身上，而没有真正设身处地为别人着想过，这种做法和想法都是不对的。在现在社会中有很多人都是这样想或者做的，他们都不懂得去宽容别人。南怀瑾先生认为对别人不应该要求太多，人应该对自己更严厉一些。

《论语·颜渊》中孔子说：“爱之欲其生，恶之欲其死，既欲其生，又欲其死，是惑也。”人生其实没有十全十美的事情，尤其是在感情方面。很多人对于别人的感情全看自己的好恶，认为一个人和自己志趣相投就希望天天和他在一起，而看到某一个人不顺眼的时候就恨不得一辈子和这个人不相见，不管是爱还是恨都表现得非常极端，南怀瑾先生认为这就是人类一个很大的缺点，同时也是人类最为愚蠢的地方。

在我们的生活中都有过这样的经历，甚至自己也犯过这样的错误：如果一个领导对一个下属非常赞赏的话，那么他就会不断提拔这个下属；而等到有一天，突然这个下属招惹了这个领导，那么他就会以最快的速度将这个下属拉下马，这其实可以用中国的一句古话“成也萧何，败也萧何”来概括。

人们都很容易被眼前的事情所迷惑，会因为自己的情绪而做出一些过激的行为，这样导致的结果就可想而知了。南怀瑾先生认为人不应该因为眼前的好恶而去做一些事情，因为这样做了之后终有一天会让自己后悔。

卡耐基有一次和办公楼的一位管理人员因为一个小误会而导致了相互的憎恨。办公楼的管理人员为了表达对卡耐基的不满，时不时会给卡耐基制造一些小麻烦，这样的做法加剧了他们之间的关系。

有一天晚上，卡耐基在办公室里加班还没有回去，整栋大楼里只有他一个人，于是那位管理员将全楼的电灯都熄灭了，因为这样的情形已经发生很多次了，之前卡耐基都是忍着，但是这一次卡耐基刚在电脑中做了一份计划书，是明天就要用的，但是突然断电了，直接导致那些重要的文件都没有保存，这种做法让他无法忍受了，他决定要反击了。

卡耐基知道是那位管理员干的，于是就找到了他的办公室，他知道在那儿肯定能够找到管理员。当卡耐基赶到对方的办公室时，他看到那个管理员正坐在一张椅子上，一边看着报纸，一边吹着口哨，就好像什么事情都没有发生一样。

卡耐基看到这个管理员的表情之后就更加生气了，于是也不再顾忌自己的形象而抱怨了起来。过了一会儿之后，卡耐基感觉骂累了，只好放慢了自己的讲话速度。这个时候管理员放下了手中的报纸，然后看着卡耐基，脸上突然露出了开朗的微笑，然后非常镇定地说：“哎呦，您今天看起来有点激动啊，这可和之前的表现不一样啊。”管理员的话就像一把利剑一样，一下子刺进了卡耐基的心脏中。

卡耐基听到管理员的话之后感觉非常惭愧，他看到面前这位管理大楼、开关电灯的师傅都比自己的觉悟要高，很显然自己败给了这个管理员，他为自己的行为非常懊悔。

卡耐基想到这些之后就不再说什么了，他转身就离开了，以最快的速度离开了对方的办公室，他已经没有办法安心去做事情了。卡耐基回到办公室之后将刚才所发生的一切全部整理了一遍，他已经意识到了自己的错误，事情搞成这样，很大程度上是因为自己所造成的，卡耐基明白自己需要给这位管理员道歉，就算是他以后再受到更大的侮辱，他也不会和这位管理员吵架了。

卡耐基又一次来到了管理员的办公室，当时管理员依旧在看自己的报纸，他走到管理员的面前，然后对他说："我刚才的行为和语言实在是太粗鲁了，我现在特地来向你道歉，希望你能够接受。"管理员听到卡耐基的话之后，脸上露出了会心的笑，说："其实你不用道歉的，因为除了你和我之外，不会有人听到你的讲话，我自然是不会把这件事情说出去，你自己肯定也不会说出去，我们就将这件事情忘记了吧。"

卡耐基听完管理员的话之后再一次感到了惭愧，他非常激动地拉住管理员的手，使劲握了握。卡耐基回自己办公室的途中非常愉快，他非常开心，因为他鼓起了勇气，化解了自己的错误。

其实通过卡耐基的这个小故事我们可以看到一点，做任何事情的时候都要懂得控制自己的情绪，自制力也是人生中很难做到的能力，它就像是警钟一样。我们要懂得控制自己的情绪，这样就可以避免给自己或者他人带来一些不必要的麻烦，学会控制自己的情绪可以不断提高自己的修养。

有了规矩才好办事

“亡德而富贵谓之不幸。”人生自己没有建立自己的品德行为，而得了富贵，这是最不幸的。

——南怀瑾

孟子的《离娄上》中有一句名言：“离娄之明，公输子之巧，不以规矩，不成方圆。”

“规”是古代画方形用的工具，和现代的直尺有点接近；“矩”是画圆形用的工具，和现代的圆规有点像。其实我们在做事情的时候就应该有个东西来约束我们，只有这样我们才能够更好地懂法和守法，最终成为一个行为和品格都非常端正的人。

南怀瑾先生认为小人是不会守规矩的，小人的行为和普通人的不一样。普通人会担心违背法律，会担心遭受社会的谴责，所以他们会自觉接受仁义道德和法律的约束。但是小人就不一样了，就像孔子说的一样：“小人不耻不仁。”一个小人如果没有遭遇难堪，那么就很难发现自己的缺点，也很难去改正自己的缺点。一个小人只有在遭遇了难堪或者羞辱之后，才会懂得去改正自己的错误。

规矩的重要性没有人去怀疑，大到一个国家，小到一个家庭，都有属于它们的规矩，因为有了这些规矩才能够做好事情。就好像中国的那句俗语：“国有国法，家有家规。”人在这个世界上就需要遵守一些规矩和规定，不管是道德上的约束还是法律上的条文，只要能够约束人们的就是有效的规矩。一个人只有懂得了规矩才能够守规矩，守得住规矩也就能够成就一番大事业。如果守不住规矩，那么这就是失败的开始。

要遵守规矩

规规矩矩做人，老老实实做事，诸恶莫作，众善奉行，这就叫修行了。

——南怀瑾

詹姆斯是一个大公司里面的负责人，有一天他将自己的车子送到了一个经销商那里做维修，等到车子修好之后，詹姆斯去取车，此时负责接待的小姐告诉他，维修他的车子需要付好几百美元，詹姆斯并没有在意，他只是想知道自己的车子是否修好了，于是就问对方：“那我可以试驾一下吗?”但是负责接待的小姐告诉他：“试车没有任何问题，不过您需要先付修理费，只有这样才能够安排去试车。”

詹姆斯是这家经销商的大客户，他每隔几年时间就要来这里购买一辆新车，而且詹姆斯公司也会通过詹姆斯在这里购买好几辆车子，正是因为这个原因，经销商专门派了一名推销人员对詹姆斯进行跟踪服务，这样有利于更好地服务于这位大客户。而这位负责接待的小姐对詹姆斯的情况也非常了解，但她还是坚持让詹姆斯付完费用之后才能够试车，詹姆斯感觉有点难以置信。

詹姆斯非常惊讶地说：“你等一等，我能不能理解为，如果我不付清费用的话，那么我就不可以将车子开走?”

接待的这位小姐说：“是的，先生，非常抱歉，这是我们公司的规矩，我不能去破坏这个规矩，我想您也不想破坏这个规矩吧。我也是没有办法，还希望您能够谅解。”

接待小姐其实并不是有意刁难詹姆斯，但是詹姆斯还是对她的行为感到生气，于是他非常生气地给经销商打电话，他大叫道：“你们公司的工作人员就是这样对待顾客的吗？难道你们认为我付不起这区区几百美元的修理费吗？你们的行为真是可笑。”经销商和接待小姐了解了整个情况之后，立即给詹姆斯打了电话道歉，并且保证会尽快处理这件事情，从而给詹姆斯一个合理的答复。

虽然之后那位经销商亲自将修好的车子送到了詹姆斯的面前，但是从此之后这个经销商也不再和詹姆斯做生意，因为他对别人说：“你们看着吧，要不了多久詹姆斯就会被辞退的，因为他已经成了一个不守规矩的人了。”

果然过了没多久，詹姆斯因为在其他公司吃回扣而被公司发现，最终被公司炒了鱿鱼。

如果一个人懂得规矩却不去守规矩，而是视规矩为无物，在他的眼里规矩是可有可无的东西，那么这个规矩就没有了任何约束力，最终的结果只能是让这个人犹如脱缰的野马最终失去了方向。

有些规矩是人定的，有些规矩则是在时间的长河中慢慢形成的，就好比道德一样。道德对人是一种感情上的约束，不管是对还是错，都是人们自己制定的。道德和法律不一样，法律是一种强行规定的条文，不遵守的话就要受到非常严厉的制裁，它和道德的作用也不一样。

规矩就像是人们心中的一杆秤，没有规矩办不好事情，就像孟子说的一样。人只有坚守了规矩才能够做好事情，这样才不会失去自己人生的方向。南怀瑾先生认为大多数人都是普通人，所以我们需要遵守道德和法律以及其他一些规矩的约束，这是很有必要的。

山外有山，人外有人

> 凡有才华的人，多半锋芒凌厉，到不得势的时候，一定受不了。满腹牢骚，好像当今天下，舍我其谁。如果我出来，起码可比诸葛亮。有才华的人，往往会有这个毛病，非常严重！
>
> ——南怀瑾

俗话说：“山外有山，天外有天，人外有人。”在历史上有名有姓的人物，他们不管是怀有治国安邦的能力，还是身怀绝技，都知道如果想要赢得胜利，那就需要稳住阵局，争取后发制人，他们做事情总能够深藏不露，做到大智若愚，他们从来不会轻易暴露自己的才能和学识。

一个谦虚好学的人一定是一个低调的人，而且能够让他收获很多益处。一个真正聪明的人能够看到自己的无知以及不如人的惭愧，所以他会向别人去请教。他们在这个过程中会得到更多的知识，并且不断完善自己。其实一个人就算是有足够的知识和才学，也不要轻易表现出来，而是要努力克制自己，尽量掩盖自己争强好胜的心理。

我们要帮助不如我们的人成功。其实在这个世界上有很多人会不如我们，我们应该更多地给对方表现的机会，我们应该做一个有亲和力的人，这样自然就了解到他们，同时激励他们，让他们愿意去努力，找到属于自己的理想。一旦这样做了，他们就会得到成功的可能。

个人的成功要和团队分享。一个人取得了一些成功是好事，但是要懂得和其他人分享，因为没有了他们，估计自己的成功不会轻易得到。在好处面前不要去争利，有了利益的时候也不要独占，懂得将自己的功劳让出去，或者分享给自己的团队，那么这个团队就拥有 了很强的战斗力。

尽量帮助比自己强的人。如果一个人比我们强，我们要做的不是忌妒，而是在他们完不成一件工作的时候尽量给予支持。就好比诸葛亮一直忠心耿耿辅佐的刘氏父子，他做到了鞠躬尽瘁，甚至是死而后已。在很多人看来，他的这种辛苦有点不值得，但是他却成为了历史上留下美名的人。

要能够替别人承担过失。不管我们从事的是哪一种行业，有功劳和有过错都很正常。做人应该有了功劳的时候懂得让出去，而有了过失的时候敢于接过来。所以当一个不如我们的人犯下错误的时候，我们要敢于接过这个错误，因为我们处理错误的能力要比他强一些。

总而言之，在做任何事情的时候我们只有隐藏了自己的锋芒才能够更好地发光和发热。我们要懂得低调做事，这样才会有更好的发展。

中国的传统文化中讲究做事要谨慎，一定要做到“三思而后行”，但是南怀瑾先生对此有独到的见解，他认为做事情之前需要进行必要的考虑，不过这种谨慎还是要有一个度，如果过分的话就显得有些小气了。南怀瑾先生提倡的是适度谨慎之后的果断行事。

在我们的现实生活中有很多南怀瑾先生所讲到的小气的人，他们做事情非常谨慎，而且一直在犹豫，无法作出最后的决定。做一件事情的时候总是要反复思考好多次，经过了三思之后，还是不能决定下来。还有一些人做事情已经优柔寡断到了无可救药的地步，他们做事情不敢作决定，不敢去承担应有的责任。

他们之所以这样做就是因为他们不知道后面会发生什么。他们常常担心今天如果对一件事情做了决断，那么之后就会有糟糕的事情发生，所以他们产生了怀疑。因为他们的犹豫不决，使得他们的很多想法都会破灭。

我们要想做成一件事情就需要抓住有利的机会，果断作出决策。当然，果断做事、雷厉风行这些都很有可能给自己带来失败，或者说发生错误，但是这些总比一直怨天尤人、一直犹豫不决要好得多。如果你具备了果断做事的能力，就有可能提前走向自己预期的成功。

培养果断决策的好习惯

> 一件事情到手的时候，考虑一下，再考虑一下，就可以了。如果第三次再考虑一下，很可能就犹豫不决，于是也不会去做了。所以谨慎是要谨慎，过分谨慎就变成了小气。
>
> ——南怀瑾

假如你想消除自己犹豫的毛病，最终养成果断决策的好习惯，那么你需要马上就开始，绝不要等到明天，现在就强迫自己进行练习，所以我们需要从以下几点入手：

首先，在作决定之前对事情有一个全面的了解。

我们在决定一件事情的同时，应该对各个方面有所了解，要利用我们全部的知识和常识来判断这件事情，要慎重思考，然后给自己充分的时间考虑问题，一旦做好了心理准备，我们就可以果断决定了，经过决定之后我们就不要后悔。

其次，面对一次好机会，我们要懂得把握。

如果我们遇到了好机会，就需要立即抓住，马上采取行动，而不是一味延误时机。我们不要对一个问题不停地思考，我们不要一会儿想到这个方面，一会儿又想到另一个方面。我们一旦作出了决定就不要轻易去改变。如果一直犹豫或者一直在观察而不敢决定，那么机会很容易会逃走，最后只能让我们追悔莫及。我们要敢于抓住机会，要敢于去做事情。

第三，我们要将固有的是非观念抛开。

很多人之所以优柔寡断是因为他们在作出决定的时候，脑子里只有“正确”或“不正确”两个标准，而不是“合适”或“不合适”。也正是因为他们固有的这种是非观念使得他们作决定的时候有所阻碍。所以我们在处理事情的时候需要放下这种观念。

在我们作决定的时候，不要将各种的可能只是看成“好的”或“坏的”，“对的”或“错的”，也不应该将它们看成是“更好的”或“更差的”。我们应该这样想：各种的选择只不过在结果上有所不同，并没有对错的区别。如果我不再用这种固有的是非观念来折磨自己，而只是做到了对各方面进行权衡的话，那么自己之后就不会后悔，只要告诉自己，当自己看中了要做的时候去做就是了。

最后，一个人做事情不要害怕承担责任。

当一件事情摆在我们面前的时候，我们很容易陷入两难的境地之中，因为我们不管作出哪一种决定都很有可能面对失败。所以作为一件事情的决策者，我们一定要为自己所选择的这个决定最后带来的结果负责。而且我们应该意识到，当我们因为害怕负责而选择不决定的时候，其实已经作了一个更差的决定，那就是消极等待。这种做法实际上使得情况更糟。既然前面是狼，后面是虎，那么我们唯一能做的就是勇敢面对，而不能坐以待毙。

当我们面对一件事情的时候，我们要敢于作决定，要果断处置事情。在这里我们不妨看看南怀瑾先生提出的建议：考虑一下，再考虑一下，第三次时就要采取行动。他的这种做法是属于适度的谨慎之后的果断，值得我们关注，同时我们也会从犹豫中走出来。

做事要恰到好处

不假他人之手，全靠自己施为，人生是理所当然地、自由地活着。

——南怀瑾

“不偏之谓中，不倚之谓庸。中者，天下之正道；庸者，天下之定理。”

将这个道理用在做事情上，那就是任何事情都要做到恰到好处。如果做不到肯定不好，但是太过了也未必是好事。所以，做事情同样还应该是中庸之道。

如果一个人在做事情的时候能够做到中庸之道，那么这个人必定有极高的修养，他的自我调控能力特别强，他的占有欲、情感的把握度等都非常适中，他能够做到适中。

“中庸”中讲到的“中”就是既不左也不右。其中这种人生哲理从我们生活中的很多细节处都可以看到，我们来看一个关于放盐的故事，在此之中可以看到过犹不及以及恰到好处的中庸之道。

曾经有一个傻小子到自己的朋友家去做客，主人为他准备了很多菜来招待他，但是因为准备得太匆忙，居然在菜里面忘记了放盐，所以菜的味道都很淡。

这个傻小子吃完之后说：“你们烧的菜怎么都没有味道啊?”

主人此时才想起忘记了放盐，赶紧给每一个菜里面加了盐，然后再次请他品尝，傻小子吃完之后，认为每一道菜的味道非常可口。

于是，傻小子就自言自语道：“菜的味道之所以鲜美，都是因为放盐的缘故，只要加一点盐，味道就很不错了，如果不放就没有了任何味道。”

然后，这个傻小子居然不吃菜了，抓起盐大把大把吃了起来，结果自己被咸得哇哇大叫。

其实人们都知道盐只是一种调味品，太多的话就会感觉难吃，太淡的话又会感觉食而无味，只有在恰当的时候才能够感觉到鲜美。而这个傻小子没有懂得其中的道理，所以只能被盐咸得哇哇大叫。

中庸之道是管理的准则

一个人的一生由最绚烂而归于平淡，由极高明而归于平凡，这才是成就。这个要点告诉我们一个人生的道理，就是儒家、道家讲的“极高明而道中庸”。

——南怀瑾

中庸之道不仅是一个人做人和做事的准则，也是一个国家治理的准则。我们再来看一个关于放盐的故事，以此来证明中庸之道在治国方面的重要性。

伊尹辅佐着商汤推翻了夏桀的残暴统治，从而在我国历史上建立了维持了大约600年之久的商朝。其实最初伊尹只不过是汤身边的一个厨师，是汤的妻子陪嫁来的奴隶，他之所以被汤看重并且得到了重用，根本原因是他的确有真才实学，而且他能够善于发现生活中的人生智慧。有一次伊尹看到夏桀的统治非常残暴而变得非常焦虑，使得一日三餐都吃得很没有味道，于是他就想了一个办法来引起汤的注意。他将一顿饭中的盐放得很多，而在下一顿的时候故意不放盐，再过一顿的时候又将饭做得非常可口，他的行为立即引起了汤的注意。于是之后伊尹将每一顿饭做得都很好，果然，在一次饭后汤对伊尹说：“看来你做菜的能力也很不错嘛。”

伊尹此时已经是成竹在胸了，没有等汤将话说完便借题发挥道：“大王，其实这些都不值得夸奖，做菜不宜太咸，也不应该太淡，只有将作料放得适当，吃起来才能有味道。这和治理国家是一样的，既不能无所作为，同时也不能急于求成，做任何事情都要掌握好分寸，这样才能够将事情做好。”

之后，孟子对伊尹给出了一个很中肯的评价：“治亦进，乱亦进，伊尹也。”伊尹在天下太平的时候去做官，而在天下动乱的时候同样可以做官，他之所以能够做到这一点，关键就是能够把握好分寸，有所为就有所不为，他就是能够深深领悟中庸的处世哲学。

其实“中”就是要做到恰到好处，不能过多也不能太少。就像做饭一样，盐放得多了就会变咸，放得少了就没有了味道。也好比商人做生意，要价太高了就会吓跑客人，价格太低了则自己无法赚到钱。

恰当好处的智慧是高深的智慧，其实做任何事情都是这样。如果做任何事情都是死死板板的，或者言行呆呆板板的，这并不是什么好事。就比如坚持是一件好事，但是如果过分坚持就成了一种固执的行为，就给人感觉过头了，过度地坚持只能带来更大的浪费。如果一个人要想获得事业上的成功，就要懂得中庸的道理，这样会让自己的付出翻倍，最终获得成功。

利用智慧，适当调整自己

所谓闭关，就是自我沉思调整，休息是为了走更长的路嘛。

——南怀瑾

牛顿是早年永动机的追随者，但是在进行了大量的实验失败之后，他感觉非常失望，但是他还是非常明智地退出了对永动机的研究，而对力学投入精力开始研究。最后牛顿因退出了困扰自己的无谓的研究而获得了自己的成功。

其实牛顿就是一个懂得中庸之道的人，如果他一直坚持自己在永动机上的构想，那么最终自己就不会有什么成就了。很多时候我们做出了很多的努力，但是最终却走向了一个死胡同，不懂得“中庸之道”，结果让自己浪费了很多时间和精力。其实有时候我们最聪明的做法就是懂得抽身退出，放弃一个没有意义的工作，然后去研究别的更有意义的工作。

一个成功者之所以能够成功，就是懂得时刻监视自己，看看自己有没有把握好“中庸之道”。看看自己是不是在合理的时候选择了合理的方式去做事情，只有这样，自己才能够轻松走向成功。

曾经有两个贫苦的樵夫靠着上山捡拾柴火为生，有一天他们在山上发现了两大包棉花，于是两个人非常开心，因为棉花的价格要高于柴火很多倍，他们如果将这两包棉花卖掉的话就可以换来很多钱。于是两个人一人背着一大包棉花回家了。

两个人在走到半路的时候，其中一个看到路边的山路上扔着一大捆布匹，走近一看，原来是一捆上等的细麻布，将近十多匹。因为细麻布要比棉花贵，所以他在思考了很久之后决定将棉花丢下，而带着细麻布回家。

但是他的同伴却有不同的看法，他认为自己已经背着棉花走了这么长的时间了，到现在再丢下棉花，岂不是浪费了之前的努力了？于是他坚持不换细麻布。先前的那位一直劝自己的好友，但是对方一直不听从，他只能自己背着细麻布往前走了。

于是他们又走了一段路，背麻布的樵夫看到了林子中间有一个闪闪发光的东西，于是走到跟前一看，原来地上有很多金子，他心想自己终于发财了，连忙邀请自己的伙伴将这些棉花和细麻布全部放下，改为将金子背回去。

但是他的伙伴还是不愿意放下手中的棉花，道理和之前的一样，他认为自己辛辛苦苦了这么久，现在丢弃有点可惜。而且他还怀疑那些黄金是不是真的，还劝背麻布的朋友不要痴心妄想，最终导致一场空。

那个发现黄金的樵夫只好自己背着两大坛子的黄金，和背棉花的伙伴一起回家。两人走到半路的时候下了一场大雨，结果两个人都被淋湿了。最为不幸的是那个背着棉花的樵夫的棉花吸收了太多的水分而变得更重了，那个樵夫没有办法，只能将这些棉花丢下，空着手和那个背着黄金的同伴回家了。

其实人的一生都需要不断作决定，在每一个关键的时刻都要懂得利用自己的智慧，然后借助“中庸之道”来作出正确的判断，选择出正确的方向。其实我们应该无时不刻检视自己，然后适当调整自己。我们应该懂得放弃那些无谓的坚持，用最为冷静的态度去作出正确的选择。

一个人一旦确定了自己的目标，下一步就是要鉴定自己的目标是否合理，而不是一味去坚持，这个时候就要懂得“中庸之道”。如果一旦决定了去做改变，那么就需要考虑清楚改变之后的样子，再考虑清楚自己遇到的问题有哪些，然后坚持去做。

寂寞是一种清福

> 一个人如果能够一生去做学问而忍受寂寞，是非常了不起的。这样的人有时候不仅一生都在做学问而忍受寂寞，甚至会为了寂寞而牺牲很多。
>
> ——南怀瑾

南怀瑾说，学道和成佛是一样的，不管是学道还是成佛都是要有一定的定力的。因为这些都是千秋的伟业，需要付出的不单是智慧，更多的时候是与寂寞相伴。这些事业的成功是千秋万代的成功，不是一时侥幸就可以成功的事情，得失之间只要能够把握好尺度就会知道何去何从。人生想要成就一番事业必须要耐得住寂寞，做人首先要耐得住寂寞。

梁实秋先生曾经说过："寂寞是一种清福。"如果一个人能够将寂寞当做幸福来享受，那么就是具有大智慧的人，是一个拥有坦荡胸怀的人；如果能够将寂寞当做一种享受，那么这种人是一种淡定自若的人。一个人如果能够享受寂寞，那么不管他是在深山之中，还是在闹市之中，都能够做到"心远地自偏"，他们懂得将寂寞当做一种修行。

孔子说："德不孤，必有邻。"

南怀瑾先生认为如果一个人为了道德去修养，那么他就不会害怕寂寞，他也不会害怕孤单，他懂得享受这些。他对于一个人功德的认识超出了当前很多人。

其实自古以来，不论是佛家还是道家都将寂寞当做是人生真理去领悟，佛家讲究的是隔断红尘，而道家讲究的是清静无为，其实根本上都是将寂寞作为唯一的真理。我们来看这样一篇禅理文章：“真修禅的人，世人根本无法理解，外忘世界，内忘身心，行无伴侣，人情断绝，涡灭人我，若能如是身能安闲，心能人道，故此禅者给世人的感觉则是冷酷无情，心无众生。殊不知，不如是又怎能人道成道返回人间度众生呢?”其实这就是在说，人生无论经历了什么样的沧海桑田，都需要耐得住寂寞，在寂寞中修行，在寂寞中去领悟，在寂寞中去得到大智慧。寂寞就是人生的必修课，同时也是成佛的途径和佛者的境界。如果一个人无法忍受寂寞，那么就很难成佛。

南怀瑾先生曾经专门讲到了寂寞对一个修行者的重要性。南怀瑾先生讲到有很多年轻人总是在抱怨，他们会说道：“我一生都在做学问，都在修炼道德。”南怀瑾先生认为这样的行为很难得，因为在他看来，一个人如果能够一生去做学问而忍受寂寞，是非常了不起的。这样的人有时候不仅一生都在做学问而忍受寂寞，甚至会为了寂寞而牺牲很多。

周国平在他的《灵魂只能独行》中写道:“灵魂永远只能独行，即使两人相爱，他们的灵魂也无法同行。世间最动人的爱仅是一颗独行的灵魂与另一颗独行的灵魂之间的最深切的呼唤与应答。灵魂的行走，只有一个目标就是寻找上帝。灵魂之所以只能独行，是因为每一个人只有自己寻找，才能找到他的上帝。”文章中的上帝其实指的就是灵魂的归宿，就是灵魂的家园，或者指的是灵魂抵达归宿和家园的某种神奇的力量。这里其实也是在强调人们要耐得住寂寞，只有这样的人才能够取得成功，一个人如果能够懂得享受寂寞，那么他的人生就会变得更加丰富。

世界上的普通人肯定无法达到像佛家和道家对人们要求的境界，当然也没有必要将寂寞当做一种境界去追求，但是人们起码能够做到守得住自己的心灵，不要被物欲和贪念所困扰。当寂寞降临的时候，我们要能像梁实秋一样将寂寞当做是一种幸福，这才是人生中的最高境界。

人生在世遇到寂寞很正常，能够在寂寞的时候学会走出寂寞，将自己的生活调解得有滋有味，这样就会成为一个幸福的人。寂寞是一种心境，就好比是一层薄薄的雾气一样，当你撩开了就会发现外面的世界其实很精彩。只需要走进去，投入到其中，这样我们的生活就会变得非常精彩和有趣。一个人如果能够耐得住寂寞，那么就离成功不远了。

寂寞就是一种心境，不管是因为身体的孤独而产生，还是因为心灵的孤独而产生。“独坐幽篁里，弹琴复长啸。深林人不知，明月来相照。”这是独与静的享受，深处闹市的人未必不寂寞，而其实真正的寂寞一般都产生于闹市中的欢声笑语中，如果人们能够在滚滚红尘中独享一种寂寞，能够远离人世间的争执，怀中深揣着一种淡定，那么就可以修炼出人生真正的智慧，从而默默享受生命中的静美。

“问君能有几多愁，恰似一江春水向东流。”这是一种忧愁的寂寞，同时也是寂寞中的享受；而“今宵有酒今朝醉，莫使金樽空对月”。这是一种怀才不遇的寂寞，同时也是乐观生活态度展现的一种寂寞，这些寂寞其实都是一种享受。

人生在世遭遇寂寞很正常，能够忍受寂寞的人才是智者，才能够拥有雅士的淡定和从容。在寂寞之中享受寂寞，在寂寞当中开始修行，不要成为寂寞的俘虏，在寂寞中找到那份安宁和祥和。人生就应该像南怀瑾先生讲的一样，应该要耐得住寂寞。

第九章 内心坦荡，磊落光明

——听南怀瑾讲修身

遭遇挫折不怨天尤人

自己反省自己，就会发现自己的不足。内心没有怨天尤人的念头就是正常的心理，这种心理是绝对健康的，这样的人才是君子。

——南怀瑾

人情世故其实是一个大问题，其中包含着太多的道理和学问，这些都需要我们注意。

其实不管是为人还是处世首先要做到的就是不要太苛刻，因为不管对别人还是对一件事情太苛刻了，就很容易使这件事情失败，而且也容易让人们之间的关系恶化。另外对于欲望我们也要懂得克制，如果人们无法控制自己的欲望，总是想要从别人身上获取，那么我们很难维持很好的关系。

人生在世需要看透的东西很多，通过人情世故的处理能够看到一个人的成熟度，我们需要在这方面修炼自己。

子曰："人不知而不愠，不亦君子乎。"

南怀瑾先生认为如果一个人选择了做学问，那么很有可能一辈子都得不到别人的理解，这个时候一定不要抱怨，更不要发火。有些人在遭遇打击之后会怨天尤人，他们会一味埋怨别人，会去咒骂别人的背叛或者不断抱怨上天的不公，这种心理是一般人的心理。

法国文艺复兴时期的作家拉伯雷曾经说过："人生在世，各自的肩膀上扛着一个褡子，前面装的是别人的过错和丑事，因为经常摆在自己眼前，所以看得清清楚楚；背后装的是自己的过错和丑事，所以自己从来看不见，也不理会。"

南怀瑾先生认为一个君子在遭遇挫折和困难的时候不会怨天尤人，他们会积极从自身寻找问题，会懂得自省，以找到自己的不足和缺陷。同时他还指出，一个人真正到了为做学问而做学问的时候，自然就不会去怨天尤人了，他们遇到问题的时候可以反问自己，会不断寻找没有达到目标的原因，同时他们也会认为是自己的学问、做法和修养还没有达到，这些都和别人没有关系。而能这样想的人就是一名真正的君子。

英国一位女士家里养了一只非常漂亮的鹦鹉，但是这只鹦鹉却有一个美中不足的地方，就是它会经常像人一样咳嗽，而且咳嗽的声音非常难听，这位女士因为这个原因感觉非常不舒服。这位女士刚开始以为自己的鹦鹉患上了呼吸系统方面的疾病，于是就带着它去看医生，医生经过检查告诉这位女士，鹦鹉没有任何问题，而鹦鹉咳嗽的根本原因是在这位女士的身上，原来这位女士特别喜欢抽烟，所以经常会咳嗽，而她养的鹦鹉学会了她咳嗽的声音，慢慢地自然就会经常咳嗽了。

还有一个小故事发生在法国。法国的一个年轻人去看医生，他向心理医生诉说自己的痛苦，原来他的母亲非常啰唆，这让他感觉非常烦躁，心理医生详细询问了整个过程，并且仔细观察了这个年轻人，终于找到了其母亲喜欢啰唆的原因。这个年轻人总是不听从母亲的吩咐，每次母亲说好几次他才愿意去做一件事情，日复一日，终于他的母亲成了一个啰唆的人。

通过这两个小故事我们可以懂得一个道理：不管是那位喜欢吸烟的女士，还是不将母亲的话放在心上的年轻人，他们其实都是喜欢埋怨而不懂得反省自己的人，因为他们的这种心理所以才导致了最后他们不喜欢的结果。

别人不理解时反省自己

你为什么在心中怨恨？不要怕人家不了解你，最重要的是你是否了解别人。

——南怀瑾

有句话说："为什么看见你弟兄眼中的刺，却不想自己眼中的梁木？"

孟子也说过："仁者如射；射者正己而后发；发而不中；不怨胜己者，反求诸己而已矣。"

反省其实就是检查自己的思想和行为，并且对此作出评价，从而努力去改变其中的错误。遇到事情的时候不要去抱怨别人，更不能怨天尤人，很多事情最终的原因总是出在自己的身上，通过反省才能找到事情的突破口，最终才能够对事情有所改变。

我们再来看一个故事。

乔治·约翰从机场出来的时候看到了一辆出租车，于是就招手让它过来了，车过来之后，司机停好车子，下车为乔治·约翰打开了车门，然后帮助他将行李放到了后备箱中，对他说："你好，我是瓦利斯，我将您的行李已经放到后备箱里了，您现在可以看看我的服务宗旨了。"说完之后便递给乔治·约翰一张非常精美的宣传卡片。

乔治·约翰看了瓦利斯的宣传卡片，只见上面写道："我们将一起度过一段美好的旅程，我将会用最安全、最快捷、最省钱的方式将我的客人送到目的地。"就在乔治·约翰看宣传卡片的时候，瓦利斯对他说："您需要咖啡吗？我的保温杯子中有咖啡。”乔治·约翰感觉非常有意思，于是想要逗一逗瓦利斯，于是对他说：“不好意思，我不喝咖啡，我只喝饮料。”没有想到的是，瓦利斯说：“哦，这样啊，我这里有最普通的可乐和果汁。”乔治·约翰有些惊讶了，他根本没有想到这么小的一个出租车里居然有这么多东西，而且瓦利斯的服务居然这么周到，乔治·约翰则非常不好意思地说：“那就来一瓶可乐吧，谢谢。”

瓦利斯将可乐递给了乔治·约翰，并且说道：“我这里有一些报纸和杂志，您可以看看。”说完之后递给了乔治·约翰一些《华尔街日报》、《时代周刊》、《体育画报》和《今日美国》。然后又递给乔治·约翰一个卡片，说道：“您想要听广播吗？这里是各个音乐台的节目单，您可以选择一个喜欢的。”就这些服务已经让乔治·约翰目瞪口呆了，他没有想到瓦利斯的服务这么周到，紧接着他还问了乔治·约翰诸如空调的温度舒不舒服等好几个问题，并且提供了好几条线路让乔治·约翰自己选择。

这些服务让乔治·约翰感觉非常不可思议，于是他非常好奇地问瓦利斯：“瓦利斯，你一直是这样为顾客服务的吗？”瓦利斯则笑了笑说：“不是的，我之前不是这样做的。大约是在两年前我才开始这样做的。在此之前我就像其他的普通出租车司机一样，大部分的时间都在抱怨天气、抱怨经济不景气、抱怨生活不如意等等。直到有一天，我听了韦恩·戴尔博士的演讲，他讲到如果一个人停止了抱怨，那么他就会在同行业的竞争者中脱颖而出，人不应该做一只叽叽嘎嘎乱叫的鸭子，而要做一只展翅飞翔的雄鹰。”

这一番话让瓦利斯茅塞顿开，从此之后他也决定做一个雄鹰。于是他开始留心身边的出租车，发现很多出租车都非常脏，而且出租车司机的服务态度非常恶劣，于是他决心改变自己，他今天所做的一切都是自己做出的改变。

当瓦利斯停止抱怨的时候，他的人生就开始不平凡，他从改变的那一刻开始就为自己的成功奠定了基础，最直观的就是他的收入开始不断增加。从此之后他坚信一个道理：一个成功的人绝对是不会抱怨的人。

保持内心的平静

人生始终在忧愁恐惧中度过，能修养到无忧无惧是真正了不起的修养，也就是“克己复礼”的功夫之一。

——南怀瑾

司马牛问孔子怎样的人是君子。子曰：“君子不忧不惧，斯谓之君子乎？”子曰：“内省不疚，夫何忧何惧？”

当司马牛向孔子询问怎样的人才算得上是君子的时候，孔子就将自己的观点讲了出来，他说：“不忧不惧。”在孔子的眼里，这样的人就算得上是君子。南怀瑾先生认为这简单的4个字可以反映出一个人的特点，日常大多数人都是活在忧虑之中的，他们总是会担心很多东西，很多人都会担心自己的生活过得不够好，也有一些人总是担心自己的工作会失去等等。

司马牛听到孔子的说法之后也认为非常有道理，他认为的确是只要没有了忧愁和恐惧，那么就算得上是君子了。如果按照这个说法推论，在我们现在的社会中有一些人生活在社会的最底层，他们反而是过着最无忧无虑的生活，等到他们没有钱的时候，他们就找个地方抢或者偷一点，于是他就问孔子那么这种人算不算君子呢？

孔子认为司马牛的这种认识有些片面，因为做到不忧不惧是很难的，他所讲的那些人内心深处肯定有着巨大的恐惧。真正的君子是可以做到随时反省自己的人，他们能够不断自我检讨，会找到自己内心深处欠缺的地方，同时也会想想自己的人生有没有遗憾的地方。能够做到“白天不做亏心事，夜半敲门鬼不惊”的平静，这样的人才算得上是君子，这才是君子的“不忧不惧”。君子的内心是非常光明磊落的，所以他们不惧怕任何东西，他们的内心一片光明和祥和，他们的境界非常高，这种才算得上是君子的“不忧不惧”。

南怀瑾先生认为通过“不忧不惧”这4个字可以从侧面了解到人生。“不忧不惧”并不是简单的不忧不惧，而是能够做到内心的平静，他们不会因为俗世的一些东西而大喜大悲，他们的内心一片祥和，他们可以在遇到任何事情的时候做到宁静和祥和。

在一个小雨的上午，坦山沙弥和慧止沙弥一起准备下山去化缘，因为前一夜下过雨，所以路面变得非常泥泞不堪，当时也下着雨，而且这种雨已经下了好几天了。

坦山沙弥和慧止沙弥两人一边说着话一边走着，他们在半山腰的地方遇到了一个姑娘，那个姑娘穿着绸布做成的衣裳，衣裳非常长，她没有办法跨过眼前的一个小泥潭，于是就站在那个地方发呆。

坦山沙弥看到这个左右为难的姑娘之后，对她说：“你上来吧，我背你过去。”说完之后坦山沙弥背着这个姑娘跨过了那个泥潭，然后放下姑娘，自己继续往前走。

坦山沙弥和慧止沙弥继续往前走着，一直没有说话，在走过了一段路之后，慧止沙弥按捺不住好奇心，于是问道：“寺里不是有规定吗？出家人是不能亲近女色的，尤其是那些年轻貌美的女子，亲近她们是很危险的。你刚才为什么要那样做呢？”

坦山沙弥想了一会儿后说：“你是说刚才的那个女人吗？没有想到我早已经将她放下了，而你还背着她。”

其实，坦山沙弥在遇到那个女子的时候只是想着去帮助她，似乎没有想到其他的问题，他只是纯粹地看到别人需要帮助所以帮助了别人。坦山沙弥在做这些事情的时候，内心非常平静，丝毫波澜都没有，他认为自己做的事情对得起自己的良心。这就是孔子讲到的“不忧不惧”的君子之风，同时也是南怀瑾所说的了不起的修养。

做人要内心坦荡

> 反省自己时想到，有时生活窘迫，过着“穷不到一月，富不到三天”的日子，尽管表面上充阔气，内心却很痛苦，也是“色厉内荏”的一种，只不过自己不曾意识到。
>
> ——南怀瑾

内心坦荡的人能够对别人的误会和误解做到不解释，也就是说那些内心坦荡的人可以自动消除别人的诽谤，不会因为别人的恶意中伤而打乱自己的日常生活。君子大多数时候遇到对自己不利的语言或者评论的时候可以做到不理不睬，做出毫不辩解的姿态。因为他们知道时间是最好的证明，时间可以让很多人慢慢知道真相，君子根本不需要解释，因为君子的内心本就是坦荡的。

君子之风就是能够面对任何事情而做到不忧不惧，他们能够做到真正的坦然相对，他们能够做到没有顾忌和忧虑，在做事情的时候可以不畏手畏脚。君子的心里非常明亮，他们没有丝毫的恐惧和忧虑，他们的心就好比一面镜子，能够坦荡地面对一切。

南怀瑾先生还指出，这种不忧不虑根本不是最简单的不担心、不害怕，而是内心的一种坦然和淡定。能够做到临危不惧是一种了不起的气势，同时能够做到有条不紊则是一种非常大的气度。一个人在遇到事情的时候担心和忧虑是人的本能，但是做到了不忧不惧则是一种非常淡泊的做法。一个人做到担心忧虑非常容易，但是能够做到光明磊落、不忧不惧就非常值得赞赏。

对别人心存敬畏之心

> 人生一世，会碰到很多让人尊敬的人，他们（管仲）的人格之所以有魅力是因为他们做人坦荡，而且公正。
>
> ——南怀瑾

一个人有所怕才会有所成就，如果一个人到了无知无惧的地步，那么他是不会成功的。

孔子曰："君子有三畏：畏天命，畏大人，畏圣人之言。小人不知天命而不畏也，狎大人，侮圣人之言。"

在孔子的观点里，君子对三种东西非常敬畏：第一个是敬畏天命；第二个是敬畏居高位者，因为这些人的责任重大，身系着其他人的利益，关系着天下苍生；第三是要敬畏圣人之言，君子会认为圣人的言论非常重要，这些对我们的人生非常有益。一个小人不知道天命而不知道去求助别人，所以他们不知道敬畏之心。

南怀瑾先生在这里讲到的敬畏，最关键的还是敬，如果人生中没有敬畏之心，那么这样的人生就非常危险，而一个简单的敬畏天命其实包含着很多内容，诸如宗教信仰、信上帝、信命理、信佛等都可以算。

当然，南怀瑾先生认为孔子所讲到的"畏大人"并不一定单单指敬畏居高位者，对于父母、长辈或者有学问的人都需要敬重，而且南怀瑾先生还认为对“畏圣人之言”就如人们在读《论语》或者《圣经》之类的，这些都是圣人的言论，我们都应该怀着虔诚的心态去读，不要去做违背圣人意思的事情。

人生在世需要敬畏的东西很多，不管是居高位者，还是圣人的言论，我们因为知道敬畏，所以才懂得成功。其实敬畏别人，就是在敬畏自己。

《论语》里面有段话，其文如下：或问子产。子曰：“惠人也。”问子西。曰：“彼哉！彼哉!”问管仲。曰：“人也。夺伯氏骈邑三百，饭疏食，没齿无怨言。”

这段话的意思是说有人在孔子的面前询问郑国的子产这个人怎么样，孔子就告诉对方，子产是一个大政治家；当有人问他子西（楚国公子申）时，孔子只是非常含糊地说：“他啊，他啊。”就没有了下文；那个人又问孔子齐国的大夫管仲是什么样的人，孔子对管仲一直很佩服，齐桓公最后能够称霸和他有很大的关系，于是孔子就伸出大拇指，对那个人说：“人也。”其实就是说管仲是一个非常了不起的人。

南怀瑾先生其实也认为如果一个管理者能够做到像管仲那样的水平和境界，那就是一个非常了不起的人，历史上能够做到这一点的人不是很多，但是管仲做到了。孔子也认为管仲是一个了不起的人物，管仲能够得到这么多人的赞誉肯定是有他独到的魅力。

在管仲当政的时候，齐国有一个富贵人家伯氏，他们家有良田300多亩，管仲没收了伯氏家族的财产归为国有，伯氏一家也因为这个原因而过上了贫穷的生活。伯氏一家虽然遭遇了管仲如此的待遇，但是他们从来都没有怨恨过管仲，他们都是心服口服，和孔子一样，他们都认为管仲是一个了不起的人物。

南怀瑾先生知道，在孔子的眼里管仲是一个非常了不起的大政治家，虽然他的官位很显赫，但这不是孔子称赞他的根本原因，而一个人能够得到孔子的赞誉实在是非常难得。

一个人如果能够做到坦荡，那么就可以自动消除所有的诽谤，佛能够做到，所以其他的人也应该能够做到。

中国有句俗话说“人正不怕影子歪”，如果一个人能够行得正，那么就不会害怕什么了。一个人内心能够做到坦荡，就没有什么可以害怕的了。

南怀瑾先生认为，人如果能够做到像管仲那样的人是非常了不起的，因为管仲是一个无私的人，他能够得到所有人的称赞和声誉，不管是他的朋友还是他的敌人。南怀瑾先生认为做人就应该像管仲一样。只有做到了像他一样，我们才能够得到别人的尊敬。

傲慢是人生大戒

世界上没有一个人不觉得自己了不起，即使是一个绝对自卑的人，也会觉得自己了不起。有自卑的人都非常傲慢，为什么傲慢？因为把自我看得很重要，很在乎自己，但是又比不上人家。自卑与自傲其实是一体的两面，同样一个东西。一个人既无自卑感，也不会傲慢，那是非常平实自在。

——南怀瑾

悟达禅师还在做云水僧的时候，有一天路过京城，他在大街上看到了一个身穿西装的僧人身患重病，而且没有人去照顾他，也没有人管他，于是悟达禅师开始照顾他，并且为他敷药，非常细心地照顾了他一段时间。过了几天之后，这位僧人在悟达禅师的照顾下已经痊愈，于是这位僧人对悟达禅师说：“如果将来你遇到了什么困难或者痛苦的话，你可以到西蜀地区的彭州九陇山间两棵松树下面找我，我会尽我所能去帮助你。”

过了很多年之后，悟达禅师因为修法深厚而法缘日盛。当时的唐懿宗非常景仰悟达的德风，就想要特封他为国师，并且还赐给了他一个檀香法座。此时得到这个殊荣的悟达禅师感觉非常荣耀，从此也有了傲慢的心态。有一天，悟达禅师在打坐的时候发现自己长了一个面疮。

悟达禅师找到了很多名医都对此束手无策，他们都认为这个面疮根本无法医治。就在悟达禅师感觉非常绝望的时候，突然想到了当年那个僧人的一句话，于是就到那个地方找到了当年那个僧人，并且对对方说明了自己的来意。那位僧人胸有成竹地对他说："这个病你就不要担心了，只要用这里的泉水洗一段时间就会好的。"

悟达禅师听完这个僧人的话之后，就到泉水中去洗自己的面疮，没想到就在他清洗的时候，那个面疮居然开口说话了，它说："等一下，你知道为什么它会长在你的膝盖上吗？我想你应该知道西汉史书上记载的关于袁盎杀晁错的事情，其实你就是袁盎转世，而我就是当年那个屈死的晁错，我经历了很长时间的轮回转世，现在终于找到了报复你的机会，但是你一直在做一个高僧，而且非常清净，所以我一直无法下手，现在你居然有了傲慢之心，所以我才能够下手的。"

悟达禅师听完面疮的话，感觉非常着急，连忙捧起清水清洗起来，突然感觉到一阵阵痛，等到悟达禅师醒悟过来的时候，自己的面疮已经消失不见了，他的眼前也没有了之前的那个僧人。

其实这个故事就是在告诉我们不要傲慢，骄纵是一种劣性，一旦产生了这样的心境，那么就会做出损人不利己的行为来。人生只有存在敬畏之心才能够驱逐邪恶。

有句话说："卑己敬人。"有句古话说："君子敬而无失，与人恭而有礼。"圣人之所以伟大就是因为他们有敬畏之心，就像南怀瑾先生说的那样，综观中外历史，在事业上有所成就的人都是有敬畏之心的人。也就是说他们能够在自己的心灵上铸就一种伟大的主义，找到一个目标和中心，然后心怀虔诚地去做事情，最终就会成功。

南怀瑾先生认为一个人做事情一定要有所害怕的东西。人生在世应该懂得敬畏，哪怕只是一点心理上的约束，只有这样才能够让自己按照规矩和原则去做事。所谓的“无规矩无以成方圆”其实讲的也是这个道理。人只有有了敬畏之心才能够做好事情，要不然自己就会像一匹脱缰的野马一样不受约束。

君子风骨可逝不可陷

> 一个真正的君子可以放弃自己的终生，但不可以被陷害，也绝对不会因为受身边人的包围和困扰而落入陷阱中。
>
> ——南怀瑾

《论语·雍也》中记载着一段宰我与孔子的对话，通过这段对话，我们可以看到孔子对于君子的定义。宰我问曰：“仁者，虽告之曰，‘井有仁焉’。其从之也？”子曰：“何为其然也？君子可逝也，不可陷也；可欺也，不可罔也。”

意思是说，当宰我问孔子：“曾经有一个追求仁义道德的人，如果有人说仁义道德现在掉进了井中，那么这个人会不会跟着仁义道德跳到井里去呢？”

孔子回答他：“这当然是不可能的，一个真正的君子可以被摧折，但并不能被陷害；真正的君子虽然可以被欺骗，但却不能被愚弄。”

君子最有骨气的做法就是为了成全而牺牲自己，但是这里讲到的成全前提是知道这件事情，哪怕这件事情带有欺骗性，他们也甘愿接受这个欺骗。

但是这里的成全并不包括自己糊涂或者将就而没有认真思考问题，从而将自己卷了进去，这样的做法并不是所谓的成全。

有一个叫《蝴蝶的故事》的故事，是讲一对非常相恋的恋人从大学的时候就开始恋爱，毕业之后依旧在一起打拼事业，就在他们的幸福越来越接近的时候，灾祸来临了，一天，男孩去接女孩下班的时候遭遇了车祸，男孩不幸受了重伤，在送到医院一个月之后丝毫没有起色，男孩一直处于昏迷不醒的状态。

此时的女孩已经变得很憔悴，她每天都守护在男孩的身边，一直默默为他祈祷，虽然看不到任何希望，但是她还是没有停止自己的祈祷，一直守着这个男孩。

终于有一天，上帝听到了这个女孩的祈祷，他被这个痴情的女孩的行为打动了，上帝来到这个女孩面前，然后对她说："如果你愿意的话，你可以用你的生命来换回你爱人的生命。"

女孩则毫不犹豫地说："我愿意，只要能让他醒过来，你让我做什么都可以，我什么都愿意。"

于是上帝对她说："我也不需要你的生命。我可以让你的爱人醒来，但是你要答应我做3年的蝴蝶，这个条件，你愿意答应吗?"

女孩毫不犹豫地答应了上帝提出的要求。

慢慢地女孩睡着了，等到第二天醒来的时候，她发现自己变成了一只美丽的蝴蝶，上帝也兑现了他的诺言，男孩慢慢苏醒了过来，而且很快就出院了，恢复得非常好。

出院之后的男孩一点都不快乐，因为他发现找不到自己的爱人了，他到处去打听女孩的下落，他每天都在外边寻找，在城市的每一个角落都找遍了，还是找不到女孩，女孩就像是从人间蒸发了一样。但是男孩不知道，化作蝴蝶的女孩一直陪在他的身边，陪着他一起寻找她。男孩的所有行为她都看在眼里，但是她只能默默忍受这种痛苦。

这一年的深秋，蝴蝶要离开这个熟悉的城市了，因为天气越来越冷了。在经历了一个漫长的冬季之后，她终于等来了春天，蝴蝶迫不及待地回到了这座熟悉的城市，她飞到了自己恋人的身边，但是她却在他的身边看到了一个美丽的女医生，她非常伤心，她只能默默地飞走了，在这个曾经熟悉无比的城市上空，她久久不愿离去。这一年的夏天特别特别长，蝴蝶每天都生活在痛苦之中，她再也不能飞到昔日恋人的肩头了，她只能躲在角落里偷偷看自己深爱的人。

等到第三年夏天的时候，蝴蝶已经不再经常去看自己的恋人了，她变得淡定了很多。而她和上帝相约的3年期限马上就要到了，在3年期限的最后一天，她昔日的恋人和那位女医生一同走进了教堂举行了隆重的婚礼，很多人都去参加了，自然也包括她和上帝，蝴蝶悄悄飞到男孩的肩头，然后听着男孩对那位女医生说："我愿意。"她看着曾经的爱人将戒指戴到了女医生的手上，然后看着他们甜蜜地亲吻，蝴蝶忍不住流下了泪水，上帝则悄悄问她："你现在后悔了吗?"蝴蝶擦着眼泪说："没有，我自始至终都没有后悔过。"上帝则轻轻点点头，然后非常愉快地对她说："你明天就可以变回你自己了。"

蝴蝶则摇摇头说："不，谢谢你了，我现在已经不需要了，我想做一辈子蝴蝶，这样挺好的。"

在现实生活中的确有一些人可以为了别人而牺牲自己，即使知道前面面对的是刀山火海，他们也在所不惜，会毫不犹豫地跳下去。

或许这就是南怀瑾先生讲到的有骨气的君子行为吧，明明知道前面是无尽的牺牲自我，但还是选择了牺牲。

人生在世，应该拥有与众不同的一面，人应该洁身自好，从而做到君子之风，能够做到不迁就、不糊涂，但是能够做到牺牲自我，不被任何人或事所困扰，做到心甘情愿去接受牺牲，这就是君子的风骨吧。

在不断的学习中提高自己

读书志在圣贤，为官心存君国。

——南怀瑾

古往今来，想要走入仕途的人都不忧虑自己的衣食问题，因为他们知道一旦取得了功名，那么生活根本就不会成为问题了。

晋代的车胤家境非常贫穷，他没有钱去买油，晚上没有办法读书，所以他只能依靠白天的时候读书。

在一个夏天的夜晚，他和往常一样在屋外背诵白天记住的书，此时他却看到一堆萤火虫在半空中飞舞，于是他想到，虽然自己没有钱，但是可以抓一些萤火虫然后照耀着自己在晚上读书。想到这里，他就找来了一个小袋子，然后开始抓萤火虫了。他抓了很多萤火虫放在里面，萤火虫的光亮果然能够照耀着他读书。

车胤正是借着这种毅力和苦读的精神，最终学有所成，而成为了一个大官，之后他的生活就发生了变化，他再也不为钱而担心了。

同是晋朝的孙康同样是一个贫穷的人，他也特别喜欢读书，他在晚上读不了书，于是每天起得很早，然后开始读书。有一天晚上，他看到外边下雪了，而且雪很亮，于是他就拿出书在雪地里开始读了起来。孙康也是凭借着这种苦读的精神，知识取得了突飞猛进，最终他也入朝为官，告别了自己的贫苦生活，成为了历史上一位学富五车的名士。

上面的两个故事就是“囊萤映雪”的来历。

后人也经常借助“囊萤映雪”比喻家境贫苦之人因刻苦读书而最终取得成功。这也就是南怀瑾先生一直在强调的不要忧愁贫穷，而应该更努力地去学习，只有学好了文化知识，一切都会得到改变。

南怀瑾先生认为作为一个君子应该懂得将眼光放远，应该有远大的理想和志向，而不是将眼光放在眼前的一些小利益上，不要因为生计的原因而放弃了自己的理想，这些都不是君子的行为，君子应该看到天道和国运，以及如何让人民过得更好。南怀瑾先生认为一个人应该更多地将自己的精力放在提高自己的知识上，而不是物质生活上。

内心要光明磊落

一个人如果去掉了“仁”字就是没有中心思想了，即使其他方面有卓越的成就也是枉然的。真正的智者凭借的是仁义而受人尊重的。不管是位居多高，只要有仁有义就能受到别人的尊重和呵护。

——南怀瑾

子曰：“富与贵，是人之所欲也，不以其道得之，不处也；贫与贱，是人之所恶也，不以其道得之，不去也。君子去仁，恶乎成名？君子无终食之间违仁，造次必于是，颠沛必于是。”

在现实生活中，很多人都想得到富裕的生活状态和显赫的身份，但如果借助不正当的方法得到了这些，那么就不会有正当的享受感觉；世界上的人厌恶贫穷和低贱，但如果借助不正当的方法去摆脱这些，就无法做到真正的摆脱。孔子一直认为一个人如果离开了仁义道德，就不能称之为君子。孔子认为一个人如果能够在最紧迫的时候还能够按照仁义道德去做事，那么就算得上是真正的君子，这样的人就是在生活颠沛流离的时候同样可以按照仁义道德去做事情。

南怀瑾先生认为孔子的这种思想算得上儒家的高深修养，这种修养要求一个人在做事情上苦下工夫。南怀瑾认为孔子所提到的显赫的身份和富裕的生活是每个人都喜欢的，世界上的所有人都希望自己能够得到富贵和功名，希望自己有美好的前途，有令人羡慕的工作等等，但是这些如果通过不正当的方法而得到，那就是不可取的行为了。南怀瑾还说，对于人们都讨厌的贫贱来说，都可以通过正当的手法摆脱，而不应该利用非法的手段使自己走上歪路。

宋代有一个叫韩琦的人，他之前和范仲淹一起推行新政，在北宋担任了很长时间的宰相。韩琦还在做定武统帅的时候，有一天晚上自己正趴在桌子上看书，旁边的一位侍卫拿着蜡烛来为他照明，那个侍卫一不小心，结果将韩琦鬓角上的头发烧了一点。但是韩琦没有任何的责备，而只是用自己的袖子蹭了蹭，然后继续低头看自己的东西。过了一会儿，韩琦回头看了一眼侍卫，结果发现已经不是之前烧自己头发的人了，他担心主管侍卫的长官会鞭打那个烧他鬓角的侍卫，于是赶紧召来了主管侍卫的长官，当着所有侍卫的面说："不要将那个侍卫替换掉，我想现在他应该懂得如何拿蜡烛了，也不要对他做任何的惩罚。"后来军中的将士们都听说了这件事情，都非常感动，同时也对韩琦的为人非常肯定。

按照常理，如果侍卫在拿着蜡烛照明的时候不全神贯注，而将统帅的头发烧了，那这种行为就是失职，韩琦责备两句也是很应该的，但是韩琦却没有这样做，而且就在被烧到的时候也没有发出声音，之后还担心侍卫会受到惩罚，所以专门为了这件事情找了侍卫长替他开脱。像他这种能够容忍士兵小错误的将帅自然会得到士兵们的尊敬和敬佩。这件事情虽然很小，但是这件事情的影响很深远，有了韩琦这样的将帅，很多人都愿意跟着他，并为他效命了。

韩琦在做大名府的府尹时，有人给他送来了两个玉杯，玉杯的表面和里面都没有任何瑕疵，一眼就能够看出来这是一对稀世珍宝，韩琦对这对玉杯也是非常喜欢，于是给了那个献宝的人很多金银财宝，留下了这两个玉杯。自从得到这两个玉杯之后，大凡宴请客人，韩琦都会单独设置一桌，然后铺上锦缎，并将这两个玉杯拿出来使用。

在一次宴会劝酒的时候，一个玉杯被一个宾客不小心碰到地上，摔成了粉碎，在座的宾客对此都很惊讶，他们知道韩琦对这个玉杯非常喜欢，而摔碎玉杯的是一个小官吏，这个时候他吓得都不知道该说什么了，只能趴在地上一个劲儿请罪。但是韩琦却当这件事情没有发生一样，笑着对宾客说："世界上再宝贵的珍贝不管它是成还是毁，都是有一定的定数的，该坏的时候谁都无法保住，这一次只不过是坏在了你的手里，没有什么大不了的。"说完之后看着趴在地上的官吏，对他继续说道："摔碎玉杯只不过是一个偶然情况，又不是你故意的，你又有什么过错呢?" 韩琦的这番话说得非常精彩，既然玉杯已经粉碎了，不管怎么样，玉杯都不会复原，不管是责骂还是痛打又能起到什么作用呢？这样做只不过是给自己增加了一个仇人而已，而且还会让在场的所有宾客感觉尴尬，也会影响到韩琦的形象，只能让一个好端端的宴会不欢而散。而韩琦这样处理问题让各方面都得到了圆满，同时也让那个摔碎玉杯的人感动不已。

元代吴亮曾经对韩琦这个人做了一番评价，他说："韩琦气量过人，而且生性淳朴，做事情厚道。不是斤斤计较的人。他当时的功劳非常大，而且官位已经到了顶端，但是从来看不到他沾沾自喜。不管他遇到什么问题，他都会泰然处之，一生从来没有被事物牵着鼻子走过，而且从来没有弄虚作假过。当他得到重用的时候，可以在朝廷中和士大夫们一起讨论公事；而不被重用的时候则可以在家中享受天伦之乐，所有的行为都非常真诚。" 韩琦一生中出现过很多次危险，但是他都可以化解，这些和他的为人有很大的关系。韩琦自己也曾经说过："天下的事情没有完全能够如人意的，关键是自己要以一颗平和的心态去对待。如果不是这样，恐怕连一天都过不去。一个人就算是和小人在一起，也要以诚相待，只不过如果知道对方的人品不佳，那么和他少来往就是了。”这些就是韩琦做人高人一等的原因，同时也是韩琦的处世哲学，而仁厚待人是一个智者的最佳选择。

南怀瑾先生也讲道，一个人的成功主要依靠的就是自己的仁义，换句话说就是，一个人的成功需要依靠仁义，而一旦失败了，同样要依靠仁义来让自己获得安稳。

坚持君子之道

珠顶王菩萨告诉我们，正道邪道都是道，真正得了佛法的人，不会去分别正道或邪道。而且很多外道的人，功夫比你走正道的人还好，不论别的，他身体练得比你好，也少吃药，就把你比下去了。这是因为入门的方法不同，各有长处。心中嫌人家是外道，看不起别人的话，就不会成功。

——南怀瑾

春秋战国时期，一些思想家为了自己的政治主张能够得到重用，于是就选择了到处游说，希望一些诸侯国能够重用他们的政治理论，从而实现他们匡扶国家的梦想。墨子就是那个时代的著名思想家，同时他也为了自己的政治主张而到处奔波。

墨子在卫国游说自己的政治主张和治国思想，但是没有得到卫国的重用，于是失败了的墨子决定前去齐国，希望在这里得到实现理想的可能。

过了不久之后，有一个叫管黔的人前去卫国推荐墨子的弟子高石子在卫国做官。卫国的大王接见了高石子，并且听了他的政治主张之后感觉非常有道理，认为他的思想能够匡扶卫国，于是卫国的国王给了高石子非常优厚的待遇，并且将其安排在了卿的爵位上。

高石子在卫国得到安顿之后，并没有忘记自己的老师。高石子在之后 3 次拜见卫国的大王，然后推荐自己的老师，并且将墨子的治国方略详细讲给了大王听，他希望卫国的大王能够重用自己的老师墨子。虽然每次大王都对墨子的治国策略很满意，但是并不采取实际的行动。过了很长的时间之后，高石子发现卫国的大王并不愿意去请墨子，于是高石子自己也辞官不做了，他去向墨子汇报他这段经历。

高石子为了仁义而舍弃了自己的高官和爵位，就是因为他是君子，而他也懂得为君子之道，在面对利益的时候，他知道哪个是要舍的，哪个是需要得的。这也是孔子说的“君子喻于义”。但是在现实社会中，还是像南怀瑾先生说的那样的情况比较多，一些人会为了一点眼前的利益而放弃一些去追。孟子说：“鱼，我所欲也，熊掌，亦我所欲也，二者不可得兼，舍鱼而取熊掌者也。生亦我所欲也，义亦我所欲也，二者不可得兼，舍生而取义者也。”人生的过程中应该懂得取舍，将一些东西舍弃的同时其实也是在得到其他的东西。功名利禄虽然是人们不断追求的东西，但是如果在追求的过程中发现和我们所信奉的道义有所冲突，那么就应该适当地做一些取舍。

做人不可因小失大

> 如果把一杯水倒进水杯一样大的坑里，然后把这个圆杯放在上面，把它当船，当然也浮不起来！动不了，胶住了，因为水浅，杯子大。人要有大海般的胸怀。
>
> ——南怀瑾

在很久以前，在济水的南面住着一个非常有钱的商人。有一天，商人要渡河去济水的北面办事情，但就在船行到河中央的时候，自己不小心从船上掉下去了，他在水中拼命挣扎，连连呼喊着救命。此时一个渔夫听到了求救声，于是划着船过去救商人，商人看到有人来救他了，于是就大喊道：“我是济水一带的有钱人，如果你能够将我救上岸的话，我会给你100两金子作为酬谢。”渔夫将商人救上了岸，但是他只愿意给这位渔夫10两金了，渔夫则说：“当初你在水里等待我救助的时候答应送给我100两金子，但是现在却只愿意给我10两金子，你为了活命而向别人求救，但现在活命了就不将自己的承诺当一回事，你这种人真是说话不算数。”

商人听到渔夫的话之后非常生气，于是对他说：“你只不过是一个打渔的，你一天的收入能有多少银子？我现在给了你10两金子，难道你不应该感觉到满足吗？你还想要什么？”渔夫听完这个商人的话之后非常失望，于是就离开了。

过了一段时间之后，有一天，这个商人再一次坐船到济水的北面去，没有想到的是船刚走不久，就触礁沉没了，商人再一次在水中呼救，条件和上一次的一样，他一直在喊：“救命。”事情有凑巧，正好上次那个渔夫就在附近，但是他听到呼救声之后毫不为其所动，旁边的渔夫对他说：“我们过去救一下他吧。”但是这个渔夫说：“他就是上一次我救上岸，但是言而无信的人。”说完之后这个渔夫就驾船离开了，而其他的渔夫也一个个离开了，那个商人只能沉到了水底。

很多人在做事情的时候总是顾此失彼，他们也会因小失大，往往因为一点蝇头小利而最终失去了更大的利益。如果一个人能够学到君子的豁达之风，那么世间就会多很多美好的事情了。

第十章

参透人生，乐天知命

——听南怀瑾讲道德

心有所定，专注做事

修持的方法虽多，总括起来只有一个法门，就是止与观，使一个人思想专一，止住在一点上。

——南怀瑾

南怀瑾先生在早年的时候学过武，当时他就对道学很感兴趣。本来一心尚武的南怀瑾先生认为武力容易滋生事端，于是他弃武从文，选择专心参禅悟道，后来终于成为了精通佛学和道学的大家。

其实南怀瑾先生之所以能够有一番成就，和“止于一”有很大的关系，也就是说心有所定。如果一个人的心无法定下来，那么就不能够深入细致地走一条路，如果用陶潜的话来说就是“不求甚解”。也有一种人，他们有一天很有兴趣了，所以就会努力干一天，但是全是蛮力；但是到了明天感觉索然无味了，所以就会将心思和精力放在了其他方面。这种人换来换去的，到了最后却什么都不会，因为他们没有定力，所以学任何东西都学不透，也做不熟练，又怎么可以说是精益求精呢？

在现实中，如果我们要想有所成就，比如在学习上，我们只需要静下心来，认真钻研，只要自己有了持之以恒的态度，最终肯定会取得优异的成绩。比如在事业上，就需要做一行，爱一行，不断积累自己的工作经验，不断提高自己的工作效率，这样自己的工作业绩就会提高，时间久了就能够收获自己的事业了。

其实从古至今，能够做到心定几乎是所有成功者必备的品质。根据史料记载，张横渠年轻的时候是个“太保”，他的思想非常开放，但是因为他太年轻，而且身强力壮，所以他总是喜欢闹事。

当时，范仲淹在陕西带兵驻守边陲，张横渠看到士兵们威武的样子非常羡慕，于是他希望能够加入到范仲淹的队伍中。范仲淹看他也是一表人才，所以就找了一个时间单独和他谈话，因为范仲淹早已看出张横渠不是一个将帅人才，他更合适钻研学问。

范仲淹和张横渠交谈了很久，范仲淹劝说他回去，趁着现在年轻认真读书，之后有更大的机会报效朝廷。谈话结束之后，范仲淹还交给了对方一本《大学》。张横渠对此却很失望，他说："这本书我已经读过了，而且当时读得很认真。"但是范仲淹还是坚持让他读，并且一再告诫他，在书中可以看到他想要的千秋功业，在书中自然能够找到他的一片天地。

最终张横渠听从了范仲淹的劝告，回家之后开始读《大学》，从此之后开始认真研读，不再想从军作战的事情了，果然没有让范仲淹失望，最终张横渠学有所成，成为了一大名儒。

其实，张横渠之所以能够成为一代名儒，关键就是因为他具有"止于一"的品质，因为他能够做到心定，所以他才可以领略到儒家的智慧。由此可见，我们只有做到心定才能够成就一番事业。

也正是因为这个道理，南怀瑾先生讲道："一个人如果能够达到了止的境界、定的境界，才能够停止一切的动向。所以我们就可以做到心如止水，这样就可以拥有极高的智慧。如果做不到这一点，我们的心就无法属于自己，自然就无法做自己的主，更不能超脱生死了。"

坚持自我，走好人生第一步

一个人要想有所成就就应该敢于坚持自己的原则、立场、志趣等，如果朝令夕改，那么就会对自己前行的步伐有所改变，这样的人做什么事情都是半途而废，不能够有始有终，那么人生必定会因为失败而告终。

——南怀瑾

其实古今中外很多成大事的人都是心定的人。而一个心定的人都是可以做到始终如一，才能够坚持自我。比如，诸葛亮辅佐了两个君主，当国家或者君主遇到困难的时候，他都能够保持冷静和清醒，也能够做到临危不惧，对自己的生命毫无顾忌，总是能够做到一心一意为国家出谋划策；再比如爱因斯坦，他一旦投身于实验室中，就可以做到不分日夜，可以做到废寝忘食……假如一个国家的将相在国家需要的时候被吓得两腿打颤，他就不可能为国家建功立业；如果一个科学家在做科学实验的时候却无法专心于实验室，那么就无法捕捉到最好的实验效果，最终就不会有任何建树了。

但是很多普通人都认为，自己没有必要让自己的心定下来，因为他们认为自己不想去做功绩显赫的将军，也不想去做著名的科学家，只想做一个普普通通的人，过最平凡和简单的生活。但是如果人们认为这些不需要定下心来，那就大错特错了。我们任何一个人做任何事情都需要静下心来，如果在小事上无法做到心定，那么就很有可能连自己都养活不了，又何谈简单和平凡的生活呢？

所以，在我们现在的生活中，想要成就自我就需要将自己的心定下来。那么如何将心定下来呢？其实道理很简单，只要自己的注意力更集中一些就可以做到。一个人找对了自己的发展方向，然后全身心投入到其中，风雨无阻地坚持，最终肯定会成就一番事业，肯定能够拥有自我。

如果我们还是一个无法定心的人，那么就尝试着定下心来。要知道在人生的路上如果不能够找到自我，不能够定下心来做事情，就无法以一颗淡然和平常的心去看待事物。

其实一个人的出世就是他人生中的第一步，而这一步也是非常关键的一步，如果在迈出这一步的时候走错了，那么自己的人生就会一直错下去。南怀瑾先生对此也非常肯定，并且举例说明了第一步的重要性。

辛弃疾是宋朝时期非常著名的词人，他在年轻的时候就是一个文武双全的人，为人也充满了豪气。在中年的时候，他投身军营，能在敌人的区域内大展拳脚，还向南宋的君主提出了好几次恢复国家的计划，但是都没有得到朝廷的认可。之后他成为了一代文学家，同时也是一个很有理想的理想家。他一直坚持立身出处要正大的理想，无论表面上的行为怎么样，他的立身行为都始终坚持正大。

人各有志，有些人选择了出世，不愿意在官场中摸爬滚打；也有些人会选择入世，宁愿过最普通的生活。有些人对万两黄金也不在乎；有些人对几百元也两眼放光……虽然这些都无可厚非，但是南怀瑾先生认为一个人的出世对一个人之后的发展很重要，我们绝对不能被环境所影响。对于外来的权势和利益的诱惑，我们要做到“确乎而不可拔”的境界，不要因为别人的事情而影响到自己，要不然会很容易导致自己走向失败。

不要随波逐流

人生以人生为目的，没有另外的答案。

——南怀瑾

曾经有一个人带着自己的徒弟们出行到非洲旅行，他们经过了一个客栈，客栈的老板认出了这个人是一个德高望重的老师傅，于是在他们入睡之前来到这个老师傅的房间里，请教一些自己的事情。

这个老板给老师傅说：“我有两个妻子，一个长得漂亮，而另外一个长得比较丑，但是我现在喜欢长得丑的妻子，而讨厌那个长得漂亮的妻子。”

老师傅则问他：“按照常理，你的这个想法不对啊。”

于是老板继续说：“因为那个长得漂亮的妻子总是炫耀她的美丽，但是我认为她一点内涵都没有，我认为她的行为很丑陋；而那个长得丑陋的妻子总是很低调和谦虚，所以我认为她的这种行为非常漂亮，是一个含蓄和温柔的人。”

老师傅听完之后则笑着说：“那个长得美丽的因为漂亮所以一直在展示自己的漂亮，时间久了她就会变得骄傲。而人一旦骄傲了又怎么可能美丽呢？她的自我会让她失去亲和力的一面，最终会变得飞扬跋扈，这样的人自然没有人喜欢和他们亲近。但是对于那个丑的来说，她已经意识到了自己的丑陋，所以她会从其他方面寻找突破口，所以她意识到了谦逊和温柔是一种美丽，而这样又更会得到别人的亲近，所以你感觉她非常漂亮。”

那个老板对此非常困惑，于是问老师傅：“老师傅您说得很对，我爱那么丑陋的没有错，但是我该如何不去恨那个美的呢？”

老师傅停了停，并没有回答他的问题，只是说："不要将自己的聪明当做一种骄傲的资本，要不然就是无知，如果你很谦虚地认为自己是无知的，那么其实自己就是最聪明的。"

过了几年之后，老师傅从非洲旅行回来，再一次经过这家客栈的时候，老板看到他之后对他说："老师傅啊，您还记得我当年的困惑吗？自从您走了之后我就更加困惑了。您走后，那个长相丑陋的妻子因为她的谦虚而变得骄傲起来，最终变得目中无人了，我现在不爱她了，本来她就很丑陋，现在她的内心更丑陋，我就更加不喜欢她了；而那个长相美丽的，因为知道了自己内心的丑陋，所以感觉很惭愧，于是从此变得非常谦虚，我现在越来越爱她了，不仅仅是因为她的长相，更是因为她的本质。我现在又想请教您这又是怎么回事了？"

老师傅则非常淡定地说："我还是选择保持沉默吧，如果我这次说了什么之后，事情又会发生一次转折，我想我还是选择沉默吧，这应该是最好的办法了。"

世间的事情很奇妙，当一个美丽的女人在炫耀自己的美丽时，她就开始变得丑陋了；同样，当一个聪明的人一直在炫耀自己的聪明时，他就开始变得愚蠢了，通过这个小故事我们就可以看到人心最为复杂的地方。

一个人的态度可以创造出一种美丽，但同时也可能会毁掉一种美丽。人其实只有保持自己的本性，不要随波逐流就会变得好起来。人生最难做的事情其实就是坚持自己，如果一个人能够坚持走自己的路，能够不受外界的影响，就能够走好人生的每一步。

南怀瑾先生认为一个人人生的第一步非常重要，当然，这里讲到的第一步不是一次性的，人生中的志向、工作和环境等都可以算作是人生的第一步。而在做出这第一次选择的时候一定要坚持自己内心的想法，不要因为对方的一两句话而改变自己的行为，更不要因为自己的兴趣而随意改变自己的原则和立场，这样的人终究不能成大气候的。

切莫计较太多

所有人都在“无故寻愁觅恨”，世间烦恼是庸人自找的，如果一个人在面对世事变幻的时候能够始终保持自己的本心，妄念不生，止水澄波，又何来烦恼一说呢？

——南怀瑾

俗话说：人生不如意，十之八九。

在现实生活中遇到烦恼是非常正常的。有些烦恼甚至会如影随形我们的一生，所以很多人在遇到这些问题的时候就会怨声载道，会感慨命运对自己的不公，甚至会哭泣……很多人都幻想着自己的一生能够百事百顺，渴望自己的童年能够过得无忧无虑。但是这毕竟只是一种想法，他们的想法往往变得非常苍白。其实人们要做的是不要愁眉苦脸，在遇到问题的时候不要一筹莫展。

其实所有烦恼的源头都可以用“庸人自扰”来概括。在人生路上遇到各种困扰非常正常，遭遇到失意和挫折的事情也是正常的，我们要懂得坚持自己的人生信念，要懂得坚持自己的立场和生活态度。所以我们没有必要计较太多，烦恼就不会因此而生了。

陆象先是唐朝一个很有气量的人。当时太平公主专权，宰相萧至忠、岑义等大臣都投靠她，只有陆象先洁身自好，从不去巴结。

果然，如陆象先所料，在先天二年，太平公主被人暗杀了，而很多投靠她的人都纷纷被杀，陆象先却一点事情都没有，依旧过着自己安稳的日子。

先天三年，陆象先被朝廷器重，得到了剑南道按察使一职。此时的司马力劝说陆象先："我希望您还是为自己着想，现在可以采取一些政策比如一些严厉的责罚，从而树立自己的威名。要不然您之后就难以秉公办事了。"陆象先却说："一个为政的人只要讲道理就可以了，用那些残酷的刑罚有什么作用呢？而名誉和声望等这些问题都是些身外之物，我们又何必因为这些东西而给自己增加困扰呢？"

陆象先经常告诫自己："天下本来就没有什么事情，其实都是自己给自己找麻烦，所以使得事情变得越来越糟糕。如果人们能够清醒面对任何事情，那么很多事情就简单很多了。"

陆象先深知从容的生活智慧，所以他一直坚持"举世皆浊我独清"的处世方式，他能够看淡名利，并且放下心中的贪婪和妄念，所以他活得非常深明大义。所有的烦恼在陆象先的眼里，其实都是庸人自扰的结果。关于这一点，陆象先和南怀瑾先生的态度如出一辙。

南怀瑾先生也认为人们在生活中遇到的那些看起来不如意的事情，其实大多都是来自自己的内心，而不是来自于外界的干扰。一个人的烦恼都是由自己的内心而来，任何烦恼都是庸人自扰。南怀瑾先生能够看透这些，所以他才能够像陆象先一样，做一个坚持自我的人，从而保持一颗平常的心态去对待任何事情，他的确是一个深谙生活智慧的人。

据说，有一次南怀瑾先生在看《雍正王朝》，于是他对别人说："像雍正这类人，他们都在努力去做自己该做的事情，别人骂他还是夸他，他都不怎么在乎；别人是不是理解自己的行为，他也不怎么在乎，他更不计较什么名利之类的。"

其实，南怀瑾先生并不是钦佩雍正，只不过南怀瑾先生本人是一个深明大义的人。

南怀瑾先生的成就有一些并没有得到别人的认可，所以也有一些人总是会批评南怀瑾先生，而且有些语言非常难听，但是南怀瑾先生并不对这些事情在意，而且也不会去计较别人的咒骂，他甚至都不管别人的闲言碎语，只是一心在钻研自己的学问，他还非常幽默地帮助别人开脱，然后说：“别人需要吃饭，我也需要吃饭啊。”

面对别人的冷嘲热讽，面对别人犀利的语言，南怀瑾先生并没有生气，反而表现了更多的从容和淡定。这件事情要是换了别人，他们可能会争锋相对，会唇枪舌剑吵起来，长期下去就会在业界给自己树立很多敌人。如果自己能够做到不受外界的影响，不受环境的感染，那么自己自然就不会感受到烦恼了。

把持住自己，保持平常心

> 平常心就是道；就这么简单。一切众生何以不能明白？因为不肯平常。一个真正了不起的人，一定是很平凡的。真正的平凡，才是真正的伟大。
>
> ——南怀瑾

在我们的生活中，不如意的事情非常多。除了这些之外，还有很多令我们头痛的事情，小到一些身体有所不适、身材不好、长相不够完美等等；大到工作中的麻烦、生活中婚姻的不幸福，甚至一些天灾人祸等等。

面对这些事情，很多人就无法把持自己，他们会选择忧伤、叹息和哭泣的方法来发泄自己的心情。海子曾经写过一首诗，其中有这么两句话：“当我痛苦地站在你面前，你不能说我两手空空，你也不能说我一无所有。”如果能够在逆境中保持一份豁达、开阔的胸襟，那么我们就不会再有任何烦恼了。

通过这些可以看出，一切烦恼都是自找的。我们应该像南怀瑾先生一样，不要受诱惑、挫折，包括本节讲到的烦恼所影响，我们能够保持一份平常心，然后坚持自我。其实那些无忧无虑的人并不是一帆风顺和万事如意的，他们同样会遇到很多挫折，只不过他们能够做到忍耐和淡化烦恼，他们只不过是要保持一颗平常心。不要将自己的烦恼放在心上，将自己的精力和内心都放到自己需要付出的地方上。这其实就是摆脱烦恼的诀窍。

如果我们平常是一个唉声叹气的人，那么我们就应该像南怀瑾先生那样，懂得人生的智慧，我们就可以变得没有烦恼，从而不再庸人自扰。

不要放弃修炼自己

> 世人通常感觉到要做到任劳任怨真的很难，尤其是对于那些做主管的人。往往主管的上头是不可得罪的领导，下头也是不能任意所为的同事，但又必须要做好领导交给的任务，而又要保存同事的利益，这样在中间徘徊是很困难的，所以不但要懂得迂回，更重要的是要有任劳任怨的精神。这样才不失为一个领导的模样，也会成为一个受人尊敬的人。
>
> ——南怀瑾

南怀瑾说：“开创事业的人，好的要，坏的也要，而且要准备接受坏的。”其实人生中充满了太多的选择，不可能说只选择好的，而彻底抛弃差的，因为很多事情就像是“福兮祸之所倚，祸兮福之所伏”说的一样，所以在这个世界上的人们都需要学习任劳任怨，这一点是人生最为难得的。

古语说：“君子慎其独也。”也就是说人们在独处的时候也不要放弃修炼自己，不要放弃努力。君子可以做到固守本分，而且也能够做到安贫乐道，所以君子能够忍耐生活中的痛苦，对于生活中的委屈也不愿意去抱怨。如果一个人能够像鲜花一样在人面前盛开那很好，就需要在后期更注意珍惜这次机会；如果没有在人面前绽放，那么就不要太过于消沉，而要认真盛开。一个人应该相信自己所拥有的芬芳和美丽是别人无法替代的，我们就像是山谷里的百合花一样，在没有人喝彩的时候也要能够绽放自己的光彩。

南怀瑾先生认为人的一生中名声很重要，但是很多人因为要成就一番事业而接受别人的不解或者冤枉，甚至有人愿意承担一些罪名。南怀瑾先生认为这种做法比洁身自好更难，因为这要面对世人的指责和唾骂，但是他们却能够做到毫无怨言。

孔子时常和自己的学生在野外煮饭，有一天在做饭的时候，负责煮粥的学生发现有脏东西掉进了锅里，他赶紧将脏东西捞起来，准备倒掉，就在此时，他想到了一粥一饭都来之不易的教训，于是将这些带有脏东西的粥自己喝了下去，此时孔子正好路过，看到了他的弟子的行为便以为他是在偷食，于是教训了那位学生，那个学生只是低头不语，并没有和孔子争辩，等到他说完之后，这个弟子才对此做了解释，孔子才恍然大悟。于是孔子感慨道："就算我亲眼看到的都不能够确定，何况那些道听途说的事情呢？"一个人被冤枉是很正常的，如果想要逞一时之快，那么最终吃亏的还是自己，如果一个人能够在遭遇冤枉或者误解的时候还能够任劳任怨，那么事情的最终结果就会完全不同了。

遇到诬陷和误解在人生中都很正常，任何人的成功都不是一蹴而就的，成功也没有什么捷径可以走，想要成功就要做好接受冤枉和误解的准备，如果一个人没有经历过岁月的洗礼，那么怎么可能看得到雨后的彩虹呢？人只有经历了岁月的大风大浪之后才能够变得卓尔不群。

明白地认识自己

能在心理上解脱得开就是内布施。内布施就是解脱、放下，一切外境都能够摆开。

——南怀瑾

其实一个人最难做的事情就是认识自己，可能有些人一辈子都没有认清楚自己。有些人稍微受了一些委屈就会不断抱怨，就算是芝麻大的事情，他们都会很在乎。同样，有些人为别人做了一点点贡献，他们就到处宣扬，希望让全世界都知道，有的人则是默默无闻，在自己的工作岗位上一直任劳任怨。其实人应该懂得在一定时候像潜水艇一样默默无闻，懂得积攒力量，然后蓄势待发。

孟子云："故天将降大任于斯人也，必先苦其心志，劳其筋骨，饿其体肤，空乏其身……"古今中外凡是成就大事业的人，大多数都是经历过苦中苦的人，他们经历的是巨大的苦难。要知道大浪淘沙，就算是一块完美的玉石，也要通过雕刻才能够得到世人的认可。一个经历过锤炼的人生才算得上是完美的人生，才能够绽放不可思议的光彩。任何事物的美丽都不是信手拈来的，更不是一蹴而就的，成功的人生不可能一帆风顺。人生只有在痛苦的泪水中才能够浇灌出茁壮的花朵，所以我们要懂得委屈自己，要懂得承受生活给我们带来的压力。

南怀瑾先生还劝告那些创业的人，要懂得做一个任劳任怨的人，这并不是什么手段，而是一个人道德的体现。很多人在教育子女的时候也在说，要做一个任劳任怨的人，事实的经验也告诉我们，我们要任劳任怨。虽然这样很难做到，但是我们还是要这样做，不要因为一点的误会就受不了，或者因为一点小事而和别人争辩起来，其实这些都是没有任何意义的。

曾经有一个年轻的公共汽车售票员对自己的工作非常不满意，他每次都是懒洋洋地招呼乘客，售票也是爱答不理的，他总是看着自己的手表，总是盼着时间快点过去。虽然没有铁栅栏，但是这辆公交车已经是他的监狱了，他没有给自己减刑，自然也没有越狱的勇气。其实他完全可以转一个身，将这份工作当做一件快乐的事情去做，这样就可以将自己从中释放出来。

有的时候一个不喜欢的人对自己来说就是一个监狱，他的一举一动都会成为自己的铁窗，让我们感觉到不愉快，甚至是担惊受怕；有的时候自己所忌妒的人也是自己的监狱，他们的每一项成果都成了自己的煎熬，不管是白天还是黑夜都在煎熬着自己。

其实一个人一生中都要经历两个监狱的禁锢：一个是身体的监狱，而另一个就是讲了很多次的心灵监狱。有些人虽然身体处于监狱之中，但是他们的心灵却能够走出来，就比如白色恐怖的那个年代，革命者们虽然被关在监狱中，但是他们拥有坚定的信仰，他们的心灵并没有被锁住；而现在我们的生活虽然稳定了，但是我们的精神却时常低落，经常因为事业的压力、家务事的重复、人际关系的复杂等原因而陷入心狱之中，就好比是吐信的毒蛇，缠绕着我们的心灵，使我们处于一种被禁锢的状态之中。

其实比起身体的监狱来说，心灵的监狱要更可怕一些。一个人的心灵一旦陷入了牢笼之中，就算是拥有最光芒的思想和才华也会让自己显得非常暗淡；就算是自己拥有非常强烈的信心和勇气，最终也会变得畏缩和消亡。那么这里讲到的心狱到底是什么呢？其实心狱就是我们自己，这个世界上没有任何人能够禁锢我们，只有我们自己才能够禁锢我们，而打破心狱的方法很简单，只需要在生活中的每一天真诚对待身边的每一个人；并且时刻给予自己肯定，多给自己一些积极的暗示，这样自己就会摆脱心狱，最终做一些有意义的事情。

我们可以在不自由的时候去寻找自由，也可以在自由中设置不自由，这些都取决于自己。我们看看马路上行色匆匆的人们，其实都顶着一个巨大的监狱在走，很多人一生都无法摆脱这份监狱的煎熬。

其实我们大可以舒展眉毛，为自己减去监狱的惩罚，要知道除了我们自己，没有人能够让我们得到自由。

快乐就在眼前

> 当你的爱不只是对别人的欲望，当你的爱不仅仅是一种需要，当你的爱是一种分享，当你的爱不是一个乞丐的爱，而是一个皇帝的爱，当你的爱不是在乞求回报而只是准备给予——给予是为了纯粹给予的快乐——然后将静心加进去，于是，清纯的芳香就散发出来，被隐蔽的光芒也放射出来，那就是慈悲。
>
> ——南怀瑾

人在刚刚出生的时候就注定要面对一生无穷无尽的痛苦。人的一生经历的痛苦会非常多，不管是离愁还是别恨，这些都是人们一生中必然要经历的。

南怀瑾先生认为辛弃疾的人生目的就是贡献，所以他才能够看透人生，能够淡化人生中的痛苦。其实现实社会中很多人认为自己的生活非常不如意，这其实是因为他们将自己所经受的痛苦最大化了，就好像人们常说的，人生最大的痛苦就是在追求错误的东西。

曾经有一个少妇整天茶不思饭不想，眼看着一天天瘦下去。后来家人为她请来了一个老中医给她把脉，之后对她说：“你之所以这样是因为你的心中想着太多的事情，这些事情让你很苦恼，时间久了自然就会有虚火了，毛病不算很大，只要将心情调理好就是了。”

这位少妇听完老中医的话之后如释重负，也松了一口气，于是对老中医诉说自己心中的烦恼，这些都是压抑在心里很久的事情了。老中医听完了她的烦恼之后对她说：“你所烦恼的原因难道是因为和你丈夫的关系不好吗?”少妇听完了老中医的话之后笑了笑，然后非常幸福地说：“不是的，我们的感情很好，我的丈夫对我非常好。”

而老中医则继续问道：“那么就是因为孩子了，是因为孩子太过于淘气，所以让你感觉到烦恼吗?”少妇还是摇了摇头，她的眼中依旧很幸福，她说：“我有一对儿女，他们都很懂事啊。”

老中医和少妇经过了很长时间的对话。在问的过程中，老中医都会在旁边的小纸条上记着什么，最后老中医将写满的纸条递给少妇，其中的一张纸条上写着少妇的苦恼事情，而在另一张纸条上写着少妇的快乐事情。少妇看着这两张纸条有点困惑了，此时老中医开口了，他对少妇说：“你看到的这两张纸条就是我给你开的药方，你之所以现在苦恼就是因为你总是记着苦恼的事情却忽视了你有很多值得快乐的事情。”

老中医说完之后让身旁的弟子取来了一盆水和一些墨汁将墨汁滴到了水中，只看到墨汁在水中慢慢散开了，最后一点都看不到了，然后老中医说：“你看，当墨汁滴入到水中之后颜色就慢慢淡开了，这其实就好比是人生，人生承受了太多的痛苦，但是世界上的人又不知道用快乐将痛苦变淡。其实有时候想想当我们叹息和流泪的时候，快乐就在前面，只需要我们稍微往前看一点。”

人的一生中会有很多次痛苦，但是如果能够把握住快乐的钥匙就能够把握住快乐的方向，这样的人生才不是苦闷的人生，这样的人生才更有意义。

当我们遭遇到挫折和痛苦的时候，我们不要埋怨，我们只需要打理好我们的情绪，从而淡化我们的痛苦，这样的人生才是最为精彩的人生。

人生是一个非常漫长的过程，在人生的道路中，遭遇坎坷和荆棘其实是对我们人生的考验，一个坚强的人能够从中站起来，然后吸取到教训，之后会更加坚定；而意志不够坚定的人必定会落入痛苦的深渊之中。其实在我们的人生中无非就是两种人，一种人在面对挑战和挫折的时候变得暴躁而怨天尤人；而另外一种人在面对困苦的时候能够以笑相迎，将所有的痛苦都甩在脑后。

不懂得生活的人总是在羡慕别人的好生活或者好工作，而懂得生活的人懂得该如何去淡化自己的生活，他们能够笑脸相迎生活中的痛苦，合理处置这些问题，他们的每一天都是幸福的。

苛求完美就会忘记本来的目的

> 我们人生的价值是什么？人生的目的是什么？依中国传统观念就是“参赞天地之化育”。这句话上面并没有写一个人字，但是谁在参赞天地之化育？当然是人。天地有没有缺陷？有缺陷。人的智慧可以弥补天地的缺陷，所以它是人的价值，人的智慧的价值，人的能力的价值，所以不要轻视了人为。
>
> ——南怀瑾

日本人仓冈天心所写的《茶之书》中讲到了这样一则有趣的故事。

茶师千利休有一天看着自己的儿子少庵在打扫庭院。等到儿子完成工作之后，茶师千利休对他说：“不是这样的。”并且他要求儿子重新做一次。

于是儿子又花了一个小时对庭院再整理了一遍，然后他对父亲说：“现在应该可以了吧，我把石阶都洗了3次了，石灯笼我也擦洗过很多次了，树木和苔藓我都处理过很多次了，没有一枝一叶留在地面上。”

但是让人没想到的是，茶师千利休对此他说：“小傻瓜啊，这不是打扫庭院的方法，你这样做是洁癖的表现。”

说完之后，茶师千利休走到庭院中间，用力摇晃其中的一棵树，然后看着抖落了一地的树叶之后对儿子说：“其实打扫庭院并不需要一坐不染，有时候自然一些会显得更美。”

茶师千利休其实是在教导自己的儿子，有时候苛求绝对完美的心态和做法其实本身就存在着问题，这样反而会让我们离美好更远。

一个苛求绝对完美的人，往往会将“一尘不染”作为打扫和整理庭院的标准，其实他们总是忘记了庭院所包含的天性和人性，同时也忘记了真实和自然。而他们所忘记的永远是最为重要的东西。

现实生活中有一些人总是为了达到别人眼中所谓的完美标准而一味牺牲自己，最终迷失了自己。比如，很多人会苛求自己在岗位上尽职尽责，但是他们却忘记了继续追求成长。人们很多时候会因为自己的过分苛求而丧失生活中很多重要的东西，甚至会遗忘自己的独立。所以我们一辈子最重要的是活出自我，而不是将大量的时间花费在追求完美上。

其实，很多人对完美的定义有偏见，完美并不是讨好别人，不是低声下气，更不是一味满足对方的要求而牺牲自己。与其强迫自己选择一种忘我牺牲的态度，从而满足别人，还不如在满足了自己需求的同时来兼顾到他人。一旦被迫在自己和他人的要求之间做出选择的时候，我们就应该从长远的角度去考虑，看看孰重孰轻。但人们还是要懂得勇敢面对一切和现实，为了自己而抗争到底。最为重要的是，在自己做出所有努力的同时，先要确定自己的目标在什么地方，不要一味追求虚无的“完美”。

世界上的任何事情都不是十全十美的，要允许缺憾的存在，因为缺憾根本就无法完全被避免。存在缺憾是合理的，甚至从某种角度来说它就是一种完美的形式。其实面对缺憾，我们哀怨和叹气是没有任何意义的，我们应该做的是看到缺憾的存在，并且将这些缺憾当成是我们追求的动力和方向。更为重要的是我们不要将目光一直盯在缺憾上，而要懂得扫除人生中的“缺憾”。

每一天都是新的

> 我们要了解，昨天活着的我不是今天活着的我，今天活着的我不是明天活着的我。所谓“苟日新，又日新，日日新”。
>
> ——南怀瑾

有一句美国谚语说：“通往失败的路上，处处都是错失的机会。坐等幸运从前门进来的人，往往忽略了从后门进入的机会。”其实每天的太阳都是新的，而每个人的人生也都是新的，就像人们说的一样，我们要知道，昨天活着的我们不是今天活着的我们，同样，今天活着的我们不是明天活着的我们。最为重要的是看每一天你有没有新的变化，每一天是不是能够上一个新的台阶。所谓“苟日新，又日新，日日新”。

成功其实就是将简单的事情重复去做。而每天只要进步一点点，那么只要坚持下去，就没有什么能够阻挡我们成功的步伐了。现在很多人无法体会成功的快乐就是因为自己无法坚持将一件事情做下去，他们不愿意重复去做一件事情，因为越是简单、越是容易的事情，人们就越容易忽视它。

假如说一个企业每天都能够上一个台阶，这种成长就可以成为企业文化的一部分，那么企业中的所有员工都很有可能每天都上一个新的台阶。试想，如果这样下去又有什么能够阻挡住他们的成功呢？他们终将会享受到属于他们的辉煌。

在某国的一个童话故事中讲到了这样一个类似于脑筋急转弯的小智力题。

荷塘中的荷叶每天都会增长一倍，如果30天能够铺满整个荷塘，假设到了第28天，荷塘里面有多少荷叶呢？我们暂且不要去管这个题目的标准答案是什么，其实这个问题的答案从后往前推就可以看到光明，比如在第28天的时候荷塘的荷叶占满了1/4，那么到了第29天的时候，荷叶就可以铺满荷塘的1/2了，而等到最后一天的时候，按照一天翻一倍的速度，那么荷叶就可以铺满整个荷塘了。此时如果你站在荷塘的对面，看到的将是满满一池塘的荷叶。

就像荷叶长满整个荷塘的过程一样，荷叶每天的变化速度可以保持不变，但是在漫长的前28天，荷塘中的荷叶就只有一点点，这个积累的过程给人感觉非常痛苦，但是等到第29天，荷叶一下子就占了一半的池塘，而等到最后一天的时候，就会发现荷叶铺满了整个池塘。其实很多人都对“第29天”的希望和“第30天”的结果感兴趣，但是那漫长的前28天同样不可以放弃，因为没有它们的积累过程，就到不了第30天的“开花结果”。

如果每天都上一个新的台阶，那么其就具有无限的威力。但是这个过程需要我们耐心地等待，我们必须要坚持完前面的“28天”。其实从我们迈出的第一步、说出的第一句话、学会做的第一件事情开始，我们做的每一件事情都是由生疏到最后熟练的过程。就好比上楼，如果想要上得更高，攀登的整个过程是无法避免的。人生也是一个过程，需要不断向上爬，其实古往今来这样的例子数之不尽，比如，言菊鹏潜心学习的故事、达·芬奇画蛋的故事，这些都在证明着这个道理。他们的人生路上都在做着不断地攀登，每一个成功人士的背后都有过一段辛酸的积累过程，他们要做的就是每天进步一点点。

要乐天知命，顺其自然

因为知道一切事物非变不可的道理，便能随遇而安，所以乐天知命，故不忧。

——南怀瑾

其实任何一个人都如同一枚硬币一样，都具有正反两面。遇到不同的事情，我们就会表现出不同的状态来。人生百态，喜怒哀乐，我们都要面对这些情况。

在我们的生活中，我们可能欢呼，也有可能变得平静。在时间的长河中，我们有很多心情的选择，但是不管怎么样的人生都需要我们去面对、去接受。

所以，面对我们的生活，我们需要保持一份心态，那就是乐天知命、顺其自然。

所谓的“乐天知命”，其实就是要让人们获得情形和自然。在我们的生命过程之中，我们要不断收获生命的意义，有一种努力到底的感觉。因为这样度过的人生才不算是虚度的人生，这样的人生才是有意义的人生。

在我们的人生旅途中，如果能够以这样的一种心态去对待人生，我们就能够变得清静和快乐，就好比南怀瑾先生，他就是一个拥有生活大智慧的人，我们可以从他的身上看到很多人生哲理。

南怀瑾先生就是一个乐天知命的人，他的目标很明确。也就是说不管在混乱的时期，还是在太平盛世他都可以坚持自己的理想和追求，不断去实现自己的人生目标，并且不断完善自己的人生价值。比如在做学问上，他一直能够坚持专心于治学之中。不管遇到什么问题，他都可以用最为豁达的心态去对待和处理这些烦恼，最终一心向学。

在为人处世方面，南怀瑾先生一直奉行的是顺其自然的态度，他是一个不矫揉造作的人，就算是生活中遇到一些不算很圆满的事情，南怀瑾先生从来不去勉强，他总是能够用自己的自然心态来处理。

人到一定岁数的时候，就会因为过分操劳以及自然规律的缘故，会长出一些白头发。但是有很多人不服老，或者认为自己的白头发不好看，所以会选择染发的情况。大家都知道头发总是在生长的，虽然这一次染黑了，但是时间久了长出来的还是白色的，所以需要一直染下去。而南怀瑾先生从来不染头发，每当别人建议他染头发的时候，他都会非常委婉地拒绝对方的好意。因为这件事情，他还专门写了一首打油诗：世人多畏发初白，却喜头颅白似银。免去风流无罪过，何须装扮费精神。渐除烦恼三千丈，接近仙灵一性真。对镜莞尔还自笑，依然故我我非新。

其实细细品味这首诗，我们会发现虽然诗歌非常风趣，但是也透露出了南怀瑾先生对人生所采取的泰然处之的态度。

就算我们一直站着不动，时间也是在走；就算我们有一千万个不愿意，时间也会走在前面。所以说这个世界唯一不变的就是变化本身。虽然在这变化的过程中，我们的身心已经开始疲惫。但是当我们看透了生死之后，看透了生命的无奈和变化之后，我们就会发现很多事情我们可以正确处置，我们完全可以以一种“乐天知命，顺其自然”的心态去看待任何事情。

何必让自己的心情大起大落呢？该来的终究会来的，而该走的同样也会走的。现在人们面对痛苦的时候这么痛苦又有什么必要呢？我们还不如学习南怀瑾先生，做一个能够顺其自然的人。俗话说，三分人事七分天。该付出的时候懂得付出，需要埋头苦干的时候就埋头苦干，能够成为一个拿得起、放得下的人。任何事情都不要强求，这样自己的人生会快乐很多。

如若做到“乐天知命，顺其自然”，就能够拥有陶潜“采菊东篱下，悠然见南山”的惬意了，也可以做到像南怀瑾先生一样的“处变不惊”、“荣辱不惊”了。虽然很多人认为这些都是不食人间烟火的圣人才能够做到的，但其实如果看透了这种生命真谛，那么我们每一个人都是看透生命、平淡处置自己生命的智者了。

在现实生活中我们需要做一个能够经得起大风大浪的人，同时我们还需要能够将所有的人情世故看淡，能将一切的曲折看明白。很显然，什么样的心态决定着什么样的命运。在大千世界中，任何事情都要看缘分，顺其自然就能够获得更多的快乐。这不就是南怀瑾先生一直劝告人们的吗？

如果感觉自己的心累了，那么只是因为自己的心事太重了，我们索性不如做一个乐天的人，能够豁达到底，只要想明白了人生的所有磨难也不过如此，那么就可以更快乐地度过人生了。

第十一章

修炼心境，豁达致远

——听南怀瑾讲淡定

人生各个阶段要做好自己的定位

人的一生中，少年之戒在于色，男女之间如果有过分的情欲，很容易损伤身体。壮年之戒在于斗，这个斗不只是指打架，而指一切意气之争。事业上的竞争，处处想打击别人，以求自己成事立业，这种心理是中年人的毛病。老年之戒在于得，年龄不到可能无法体会。曾经有许多人，年轻时仗义疏财，到了老年反而斤斤计较，钱放不下，事业更放不下，在对待很多事情上都是如此。

——南怀瑾

子曰："君子有三戒。少之时，血气未定，戒之在色；及其壮也，血气方刚，戒之在斗；及其老也，血气既衰，戒之在得。"

南怀瑾先生曾经在自己的著作《论语别裁》中对孔子关于君子三戒的这段说法进行了诠释。南怀瑾先生认为人生的不同阶段都需要不同的警戒。也就是说，三戒代表着每个人生命的3个阶段，按照孔子的说法，这3个阶段就是少年、壮年和老年3个阶段。

一个人在少年的时候最吸引自己的就应该是异性了，几乎每个人都渴望有一段美妙的爱情故事。但是最令人难以控制的还是爱情，一些身心还没有发育完全的年轻人总是因为这件事情劳神伤身，所以南怀瑾先生以此警戒年轻人。

一个人活到壮年的时候，如果他在年轻的时候不是一个浪荡之徒，那么就多少有一些作为，此时的人在家庭、事业等方面都有一定的积淀。但是很多人还是没有到呼风唤雨的时候，所以就有一些人在利益的引诱下开始一些明争暗斗，有些人甚至还会陷入钩心斗角的旋涡中而无法自拔。当然这种做法不是一个精明、洒脱的人所应该做出的选择。所以南怀瑾先生认为壮年时期应该以“斗”为戒。

而一个人到了老年，就好比是接近了黄昏，对于人世间的各种得失应该都已经看透了，并且对此也已经释然了，所以功成名就的人应该在老年的时候有“长江后浪推前浪”的观点，但是很多老年人却有“不服老”的想法，就比如古代封建官场中的一些人，他们虽然知道自己的身体已经衰老了，他们的精力和思想也已经无法跟上这个时代的发展了，但是他们却不肯让贤，所以南怀瑾先生认为到了老年关键要看一个“舍”字。

如果将一个人的一生看成是一条路的话，那么这三戒就是一个人一生中的 3 道关卡。就好比是玩闯关游戏，如果我们能够顺利通过一关的话，那么我们就可以面对新的挑战，同时也会面对新的风景，从而开启新的生命，要不然只能让自己在重复过的道路上走来走去而难以脱身，甚至会做出伤害自己或者他人的行为。

那么我们该如何成功闯过这些关卡呢？根据南怀瑾先生的解释，我们最应该做的就是克制自己，淡泊自己的利欲之心。

上述讲到的是人生三戒，其实就是戒色、戒金钱、戒名利。虽然南怀瑾先生具体将此归到某一个年龄阶段，但是我们不可以片面地认为只有在这个年龄阶段就只注意这一点，我们应该将这 3 点一直贯穿我们的人生。不论处于任何时期我们都应该注意以上的问题，将三戒贯穿于我们的一生。我们要懂得克制自己的欲望，做到清心寡欲。如果做到了这些，那么人生中的任何关卡我们都可以度过。

如果能做到这些，那么“忘我”的超脱境界就能够体现在我们身上，我们的生活也会变得更加自在。要不然我们只会陷入到美色、金钱和名利之中而无法自拔。久而久之，这样的生活会变得沉重和疲乏，最终使一个人碌碌无为。所以南怀瑾先生对人生 3 道关卡的见解是值得我们学习和借鉴的。虽然这些关卡对于我们普通人来说很难突破，但是我们尽力去做，自然会取得很不错的效果。

要由绚烂归于平淡

空，是学佛的第一步，也是学佛的最后一步。……因为空，所以什么都知道。“亦不可说无知觉性”，你不要认为空就无知觉，越空越清楚，越清楚越空。

——南怀瑾

子夏问曰：巧笑倩兮，美目盼兮，素以为绚兮。何谓也？子曰：绘事后素。

南怀瑾先生曾经就对以上的对话解释道：所谓的巧笑其实就是笑得非常好的一种境界，而又带一点调皮和小诱惑，给人感觉非常迷人，甚至能让人感觉到神魂颠倒。而之后的“美目盼兮”大概就是“回眸一笑百媚生，六宫粉黛无颜色”的那种感觉吧。而“素以为绚兮”则是指在一张白纸上画了非常漂亮的画。

对于这句话，子夏是明白的，但是他还是要问，其实他是“醉翁之意不在酒”，他更想知道这些话后面包含的意义。而孔子的回答就更精妙了，他的意思是说只有画完了漂亮的图画之后才能够显示出白纸的可贵来。其实任何的绚烂都是由平淡而来的，而这些绚烂最终又会归于平淡。

在《论语别裁》中，南怀瑾先生还讲道：通过现在人们的人生哲学来看，一个人需要由绚烂归于平淡。而从艺术的角度来看，这就好比是一幅画，而整个画面都填得很满，大多是没有艺术价值的，也就好比是一间房子，在装修的时候一定要留有一定的空间，感觉才会好。

南怀瑾先生一直用这些道理在规劝人们，这些都是我们值得学习的道理。一个人的人生可以绚烂，但是一定不要沉迷于绚烂之中。就好比是写一篇文章，要想写得打动人就需要有真情实感，但是如果只是看重了字面的华丽，虽然有很多华丽辞藻的堆砌，其实这没有什么实际的意义，最终会让人感觉奢华，但是不够真实。

留下空间，不要让自己太满

你们现在如此观心，不要向顶上观，不要在脑子里观。平平安安，自自然然，轻轻从心头起观即可。

——南怀瑾

我们再看看“庖丁解牛”这个成语讲的故事。很多人一提到庖丁解牛，第一反应会说熟能生巧，但其实在这个故事中还包含了其他的人生智慧，比如由绚烂归于平静的人生智慧。

“动刀甚微，桀然已解，如土委地。提刀而立，为之四顾，为之踌躇满志，善刀而藏之。”通过文章中的这几句话就可以看到，虽然庖丁解牛的技术已经很高超了，但是每次他在开始动刀的时候，动作都非常轻微，而且非常认真、仔细，等到最后一刀之后听到了“哗”的一声，看着被肢解过的牛，此时他才可以悠闲自得，才可以心满意足。

其实庖丁的技术非常高超，但是就算他技术非常精湛，他还是非常仔细、认真，就像一个普通的屠夫一样。他的心中根本没有“老子天下第一”的狂妄想法，而且他也没有到处炫耀。其实这就是庖丁最为高明的地方：由绚烂回到了最真实和最平淡。一个平淡谦逊的人才能够始终保持真我，才能够拥有大智慧。

所以南怀瑾先生一再劝告自己的学生，要给自己的生活留一点空间，不要将自己的生活填充得太满，要不然就会让自己的生命失去原汁原味，其实平淡的生活才是最美的生活。如果我们的生活太满了，要懂得给自己的生活抽减，让自己的生活回归于平淡，这种态度其实充满着太多的禅机和智慧。

其实人生就像画一样，而我们就是自己的画家，最美丽的画并不是泼墨最多的画，最美的画一定是留有空白的。或许使用最精简的白描可以画出最为直接和经典的画来。

所以在现实生活中的我们，很多时候可以选择白描，就算是一生都在轰轰烈烈，而在生命之灯熄灭的时候，一切都会化为乌有，所以还不如让自己的人生归于平淡，这样才不会迷失自我。

有得必有失，有生必有死

> 说到人的死亡，其实人天天随时在老，不只一年一月地衰老，而是每个时辰、每一时刻、每一秒都在衰老。庄子讲得更彻底："方生方死，方死方生。"当你生出来的时候，就是死亡的开始，即生即死，随时在生死。
>
> ——南怀瑾

对于庄子关于人生和生命的理论——"不亡以待尽"，南怀瑾先生也很推崇。其所要表达的虽然有偏激和消极的一面，但是却有一定的道理。一个人就算是能够活到100岁，但是终究还是要离开人世，一个人不可能长生不老。

为了能够将庄子的这一观点解释清楚，南怀瑾先生还举了一个例子，当一个婴儿出生的时候，我们说他出生了，但是庄子却认为他并没有出生，而是死亡的开始。从出生的这一天开始逐渐走向死亡，每天都是在等待着死亡的到来。

按照这个观点看来，好像人活着也没有什么意义，甚至可以说是毫无意义，就好像人根本没有生的过程，只有死亡这个结局。但是古人常说："死生亦大矣。"以此看来将死亡作为人生的唯一结局有失偏颇，那么死亡到底有什么意义呢？

南怀瑾先生说过，按照哲学的角度来说，一个人的一生的确是像庄子说的那样，是"不亡以待尽"。但是出生和死亡作为人生的起点和终点，生死齐一，齐一生死。一个人如果拥有了能够看透生死的勇气，就可以解决自己人生中的所有问题了。当然，这并不是让人对死亡抱有无所谓的态度，只是引导着人们正确看待生死的问题。

庄子曾经借助丽姬的故事来阐述人们应该有对待生和死的态度。

据说丽姬原本是一个平民家的女儿，她长得非常漂亮，而且人也很聪明。等到她 16 岁的时候，而被相中选入了皇宫中。当丽姬听到这个消息之后感到非常伤心，于是她回到家中整整哭了 3 天 3 夜，她认为自己的一辈子都会被困在皇宫里了。但是谁知道她被选为皇后，从而享受了一辈子的荣华富贵和宠爱。等到她晚年的时候回想自己当年的行为感觉非常可笑，她认为自己当时非常愚蠢和无知。而庄子之所以借助这个故事，就是想告诉人们，很多人惧怕死亡就像是当年的丽姬一样，因为人们不知道自己在死亡了之后会面对什么，所以他们特别惧怕。但是我们又不知道死亡之后会面对什么，又有什么可以惧怕的呢？

佛家智慧中也讲究"转世轮回"，南怀瑾先生本人也是一个佛学大师，他对这个观点非常赞同，据说在六祖慧能禅师弥留之际，他的所有弟子都哭得伤心欲绝，因为他们都对禅师有很深厚的感情，但就在此时，禅师则对他们说："你们不要太过于伤心了，我已经另有去处了。"

南怀瑾先生将死亡作为人生的一个转折点，这和慧能禅师的“另有去处”不谋而合，根据这种看法，我们可以知道他们的思想潇洒而又豁达，无形中将生命在时空上无限拉伸了。其实这就是死亡的真正意义，所以死亡可以说不是彻底的结束，而是一次新的开始。

其实任何时候都是有得必有失，有生必有死，而死亡只不过是去了另一个地方，所以我们就不要因为自己的生老病死而惶恐，而在面临死亡的时候也能够做到淡然和释然。

参透生和死的意义

> 一个人活在这个世界上，是顺着生命叩拜自然之势来的；年龄大了，到了要死的时候，也是顺着自然之势去的。所以老子也提到“物壮则老”，一个东西壮大到极点，自然要衰老，“老则不道”，老了，这个生命要结束，而另一个新的生命要开始了。换句话说，真正的生命不在现象上，从现象上看到有生死，那个能生能死的东西，不在乎这个肉体的生死。所以，我们要看透生死。
>
> ——南怀瑾

南怀瑾先生说过，上天给了我们一次了不起的生命，就是希望我们能够面对生活中的一切，包括生命中的生和死。试想，如果上天没有给我们生命，那么我们连死亡的机会都没有。现在总算是有了死亡的机会，这是多么可贵，所以我们要有看透死亡的勇气。

如果说出生和死亡都是人生旅途中的一个转折点，那么在思考死亡意义时，我们就需要彻底地领悟。就像南怀瑾先生说的一样，在面对死亡的时候，我们如果已经在活着的时候赋予了自己生命足够的内涵，那么就不必为自己的死亡而担心。

当然，这并不是说有价值的人生是完美无缺的人生。其实每个人的人生都存在着不同的缺憾，所以生命中有一定的缺憾很正常。就像邵康节说的："把眼前的路留宽一点，让后来的人走。"

所以在我们的有生之年，我们没有必要计较太多，不要因为一些小烦恼和小情绪而影响到自己的人生。人为什么不能够快乐地活着呢？而非要给自己找来很多痛苦呢？

每个人都需要学得更洒脱一些，参透生和死的意义，然后以死亡作为自己人生的参考，去收获生的过程中的彻底领悟。漫漫人生路中走一回很不容易，做一个率真的自我才是最重要的。

南怀瑾先生对于生死的态度一贯是"生则重生，死则安死"。也就是说人在活着的时候应该重视和珍惜自己的生命，能够健康和快乐地活着；等到要死亡的时候就在安静和痛快中度过，不要再惦记着名利和欲望，生和死都能这样了，那么也就幸福很多了。

南怀瑾先生认为，生和死只是刹那间的时间，只有拥有了能够看透生和死的勇气，就能够顺应自然，就能够让自己在生命过程中过得自然和舒适。

在参透生死这个问题上，南怀瑾先生非常推崇庄子的态度，庄子是一个能够看透生死的人，他的生死态度也是常人不能及的，我们来看看关于庄子对生死的态度。

据说，庄子的妻子去世的时候，他的朋友听到消息之后都赶来给她吊丧，但是他们进门的时候却看到庄子正坐在地上，然后击打着瓦盆唱歌。

庄子的朋友惠施看到这一幕之后非常生气，他问庄子说："你的妻子嫁给了你，给你生儿育女，和你一起生活了这么长时间，现在她离开人世了，你不哭泣也就罢了，你为什么要唱歌呢？难道你的心是石头做的吗？你这样做太过分了。"

没想到庄子说："你不要这样认为，在她刚离开人世的时候我怎么可能不难过呢？但是就算是我非常难过，她也不会活过来啊，而且，她原来不但没有生命，就连形体也没有；不但没有形体，就连气也没有。后来混杂在混沌之中，慢慢地才有了气，之后才有了形体，最后才有了生命。现在她离开了，就好像春夏秋冬四季更换一样，是非常自然的现象，现在她可以非常舒服地躺在天地的大屋子里，然后做着最为原始的美梦，而我却要在这里号啕大哭，我认为这种做法不通达天命，所以我就不准备哭了。"

之所以说庄子参透了生死，就是因为他将人的生老病死看作是一个非常自然的转换过程，死是回归到了生之前的状态，所以已经没有了生和死这个概念。他从生的角度中领悟到了死亡的意义，并且从死亡的转换中洞察到了生的价值。其实他的这个观点和南怀瑾先生的态度基本一致。

任何人的肉体都不能在时空中得到超脱生死，但是我们的内心世界却可以超越生和死的概念，以使我们活得悠然自得，所以我们可以学学南怀瑾先生的生死态度，我们可以将这种高超的智慧用在我们的生命中，所以我们也不再感觉到生命的沉重了。

"安时而处顺，哀而不能人也。"如果我们能够参透生死，能够在漫漫人生路上领略到庄子的这种智慧，我们就可以看淡任何事情，就能够顺其自然，我们可以心平气和地度过每一个阶段，可以非常平静地去处理任何需要做的事情。所以我们在活着的时候要尽可能地丰富我们的人生内涵，做一个对国家和他人都有贡献的人。我们应该快快乐乐地度过我们的每一天，没必要陷入悲伤和忧愁之中。

既然我们想要参透生死，那么我们该怎么办呢？其实最为关键的就是要在心理上看透生死，不要太重视活着的过程，在自己的心境中得到超脱。我们能够生，那么就会死，虽然肉体上会离开人世，但是灵魂的力量可以超越死亡。既然这样，那么我们面对生和死的时候又有什么惧怕的呢？我们会因为这些问题而忧伤吗？

在我们的生活中，我们可以借鉴一下南怀瑾先生的生死观，做到参透生死，随遇而安，看淡生死，珍惜和享受生命的美好，从而在真正意义上享受自己的人生。

让乐观和豁达拯救自己

> 质朴是这个世界的本色，没有一点功利色彩，就像花儿的绽放，树枝的摇曳，蟋蟀的轻唱。它们听凭内心的召唤，是本性使然，没有特别的理由。其实社会与环境不足以真正决定一个人的人生，每一个人都要有独立的修养，不受外界环境影响，即使饱受挫折，也应该永远保持一颗光明磊落、纯洁质朴的心，这才是做人的最高修养。
>
> ——南怀瑾

生活就好比是一个大染缸，生活也好比是一个大转盘。我们现在就置身于这个大染缸或者大转盘中，在此过程中，我们难免会迷失自己，会失去真我。我们在此中很容易停止下来，正是因为这个缘故，所以很少有人从真正意义上实现自己的梦想。生活中不是每一个梦想都得到了实现，也不是每一个生命都实现了怒放。

在人生的路途中，遇到困难和坎坷是非常正常的事情，关键要看我们以怎样的心态去处理这些困难和坎坷。有的时候像泥泞一般的困境会让我们陷入其中，我们无法做到自我拯救，所以我们会感觉到绝望、悲观而一蹶不振。此时的生命就只剩下了呼吸，而这种呼吸也微弱得连自己都听不到。但有的时候我们在遇到挫折和苦难的时候可以看到一道曙光，而这道曙光可以指引我们前行，半途中的风景更是能够陶冶我们的情操。

此时很多人就会很困惑，总是希望有一个人出现，然后帮助自己摆脱所有的困境和痛苦，但其实在这个世界上能够帮助我们的只有我们自己。很多人都认为自己最大的敌人就是自己，除了自己之外没有人可以打败自己。其实不管你是处于牢狱之中，还是深陷困难之中，唯一能够救自己的就只有自己，这个时候谁都无法依靠。

但是要拯救自己，首先要让自己拥有乐观和豁达的态度，这一点非常重要，如果自己到不了这个层次，不能领略乐观的心态和豁达的态度的重要性，那么就无法拯救自己了。因为在面对挫折、困难和痛苦的时候，如果连自己都在悲观，都认为自己没有了机会，认为自己一辈子都不会再爬起来了，那么谁都不能救我们了，更何谈自救呢？

在一次矿难中，有6位工人被困在了地底下，此时四周一片漆黑，伸手不见五指，所有的人都陷入了恐惧之中，虽然每一个矿工自打第一天开始工作的时候就做好了被压在地底下的准备，但是这突如其来的变故还是让所有的人都慌了手脚。此时的6人都在大喊大叫，渴望外边的人能够听到他们的声音，但是外边的人根本不会听到他们的声音。

这时一位年纪稍微大一些的矿工阻止了大家的呼喊，因为他知道这样只能消耗体力和氧气，起不到其他任何作用。他们知道此时能够帮助自己的只有自己，只有自己坚持下去，才能够等到外面的救援。

于是几个人关掉了所有的矿灯，在黑暗中等待着救援队的到来。

但是周围的黑暗压得每个人都喘不过气来，之前那位年纪大一点的矿工知道这样下去大家肯定坚持不下去的，最起码从心理上就坚持不下去，一旦心理垮掉了，那么之后就更难了。他想到了一个好办法，他让每个人轮流讲一个最开心的事情。

于是大家纷纷开始讲起来了。

时间就在大家的故事中一分一秒过去了，因为大家都在讲开心的故事，所以都没有注意到时间过去了很久，他们一直包裹在欢声笑语中，同时他们也一直坚信外面的人正在积极营救他们，他们有出去然后再享受开心事情的可能。

营救队果然找到了他们，6个人全部生还，而他们出来之后才知道他们6个人在地底下被整整困了120多个小时。

在他们康复之后，有记者采访了他们，当问到是什么让他们坚持活了下去的时候，那位年纪大一点的矿工告诉记者，能够支持他们活下来的就是那些开心的事情。并且他还告诉记者，当遇到困难的时候如果连自己都放弃了，如果连自己的内心都没有了乐观的心态，那么肯定战胜不了困难。

这是一个真实的故事，虽然故事已经过去很久了，但是矿工们在地底下所表现出来的乐观心态以及自救的决心的确对我们每个人都有指导作用。

处于困境中时要超然物外

痛苦是能解脱的，困境是可走出的。

——南怀瑾

南怀瑾先生在刚到中国台湾的时候，受到了一个朋友的怂恿而和他合伙做起了一单生意。当时他们也想顺应时事而大干一场。

但是机遇不合适，加上朋友经营上的问题，最后南怀瑾先生不但没有赚到钱，反而亏了很多钱，一下子让两个人在经济上都陷入困境之中。

要知道当时南怀瑾先生一家人刚刚到台湾，立足未稳就遭遇如此打击，实在是让全家人都不知道该怎么办了。当时南怀瑾先生只能带着一家老小住到了基隆海滨的一个小巷子里，生活过得非常艰苦。他们全家人都挤在一个小屋内，房子又破又烂，而孩子当时都小，急等着钱用。

一向乐观的南怀瑾先生后来自己形容当时的窘态是：“运厄阳九，窜伏海疆，矮屋风檐，尘生釜甑。”

虽然这样，南怀瑾先生并没有责怪朋友，反而是一再劝慰他，让他宽心。而他本人则是更加豁达，竟然能够做到穷，但快乐着。而且在这样艰苦的环境中，南怀瑾先生还完成了他在台湾的第一部巨著《禅海蠡测》，就禅宗要旨、公案、机锋、证悟、神通及与丹道、密宗、净土诸法的关系，钩玄剔要，精微阐述，力求为崇尚菩提之道的人架设一条登堂入室的阶梯。

南怀瑾先生在最为穷困的时候还能够参禅悟道，这种做法非常可贵。如果不是他拥有超然物外、坦坦荡荡胸怀，自然就不能做到这一点了。而且南怀瑾先生的这种豁达和乐观的生活态度值得我们借鉴和学习。

所以南怀瑾先生也一直在说，社会和环境都能够影响到一个人，但是却不能左右一个人的命运。也正是因为南怀瑾先生的这份淳朴之心，以及独立的修养，所以他在穷困的时候依旧可以保持满面的春风，而不是一筹莫展。其实在困境的时候他依靠的就是自己，是他将自己从困境中解救出来的。

就像伟大诗人普希金说的一样：假如生活欺骗了你/不要悲伤/不要心急/忧郁的日子里需要镇静/相信吧/快乐的日子将会来临/心儿永远向往着未来/现在却常是忧郁/一切都是瞬息/一切都将会过去/而那过去了的/就会成为亲切的回忆……

当我们处于困境中的时候，我们要有普希金“不要忧伤”的心态，并且学习南怀瑾先生“超然物外”的豁达、乐观精神。做到了这些，我们也可以在困境中做到自救。其实南怀瑾先生就是因为在年轻的时候拥有了这份超然物外的精神，所以他才能够一直坚持自我，才能够一生都在参禅悟道，一生都在度化众生。

但要想做到超然物外并不是一件容易的事情，南怀瑾先生自己也说：“要把握住造化之主，才能够超然于物外，超出了万物的范围以外，所以庄子告诉我们‘物化’的自在。那么，庄子同时在这个观念里也告诉我们，人也是万物之一，人可以‘自化’。如果明白了‘具见’，见到了‘道’的道理，我们就可以‘自化’，我们这个有限的生命可以变化成无限的生命，有限的功能可以变化成无限的功能。”

所以说，如果我们要想向南怀瑾先生一样做到超然物外，我们就需要“自化”，要能够领悟“具见”，要能够懂得“道”。以此我们就可以拓展我们生命的价值了，也能够延伸我们生命的价值。其实所谓的“自化”，就是做到自我改造，对自己的世界观进行改造，对自己看待问题的态度进行改造等等。

一个普通人要想做到超然物外是一个漫长的过程，我们需要从内到外，从心境到最后的修养，这些都缺一不可。除此之外我们还应该坚持一颗质朴的平常心，这一点也非常重要。做到了这些，我们就慢慢拥有了超然物外的心境。

在现实生活中，我们每个人都可以将南怀瑾先生作为自己的榜样，做一个超然物外的人。

以平常心做事情

> 凡夫就是在现实的人生中，只为自己的目的而谋取功名富贵的人。那些不为一己之私利舍生取义，只为世人谋国谋天下者，便是圣人。圣人其实就是脱俗的凡人，他们心中没有自己，只有大众与国家。
>
> ——南怀瑾

很多人不明白英雄和圣人的区别，南怀瑾先生指出：英雄和圣人最大的区别是在于英雄可以征服天下，但是却无法征服自己；圣人是不想去征服天下，但是可以征服自己。英雄是将烦恼交给了别人去挑起来，圣人则是挑尽了全天下人的烦恼。

关于这个问题，南怀瑾先生进一步指出，英雄可以施劳，将自己的理想建立在别人的痛苦之上，但是圣人并不会将自己的理想建立在别人的痛苦之上，反而会挑起全天下人的痛苦。

所以，一个英雄和一个圣人的人生气概是完全不同的生活气度。很明显，按照南怀瑾先生的看法，我们在圣人和英雄之间，显然是要选择前者。

其实在这个社会上生活的每一个人都是最为普通的平凡人，我们只不过是茫茫人海中的一分子，就算是取得了显赫的成绩，也不可能被世界上的所有人所认可，出现毁誉参半的情况很正常，我们在时间的年轮中也只不过是沧海一粟，是根本无法做到永恒的，所以人和人之间没有多大的区别。

人的一生中，总是在漂泊中度过，甚至非常迷茫地游走于世间。然而活一辈子，我们终归需要在人世间安身立命，就好比是一道菜，不管是煎炒还是烧煮，都是一种做法，所以任何一个凡夫俗子都需要有一种活法。但是一个纯粹的凡人和一个怀有圣心的凡人之间是有区别的，甚至是巨大的区别。一个怀有圣人之心的凡人，他虽然是凡人中的一员，但并不是一个完全意义上的凡人。人生短短几十年，我们在人海茫茫中去实现自己的人生价值，去成就自己的人生，我们就需要像南怀瑾先生说的一样，做一个“脱俗的凡人”。

圣人其实就是脱俗的凡人，所以说圣人还是凡人，他们终究无法抹除自己作为凡人的普遍性。而圣人所做的事情其实也是凡人所做的事情，也都是一些最为平常的事情。

真正“脱俗的凡人”可以做到以天下兴亡为己任，这种做法并不是好高骛远，反而能够体现他们的脚踏实地、从小事做起的风格。但是这样的平凡事，并不是每一个人都能够非常谦逊地称之为平常事的，所以说一个脱俗的凡人还应该具备救济苍生的博大胸怀和高远目标。同时还应该拥有一颗平常心去看待自己所作出的贡献和成就。

由此看来，好像成为一个脱俗的凡人是一个非常痛苦和遥远的过程，其实不然，比如南怀瑾先生就是这样一个脱俗的凡人。

很多人都知道，之所以东西精华协会与十方丛林书院得到了业界人士的好评，全仰仗于南怀瑾先生的功劳。在很多人的眼里，南怀瑾先生就是一个奇人。虽然先生的身材不高，虽然先生的穿着非常朴素，但是先生是一个拥有八斗高才、学识渊博的学术界泰斗，而且他还是一个淡泊名利的智者。在南怀瑾先生的主持下，其弟子不分年龄老幼、不分家庭出身，都成为了一样的同窗好友，都成为了好兄弟，共同组建了一个和谐而又和睦的大家庭。

南怀瑾先生是一个宅心仁厚、轻财重义的老者，当时协会的经费不宽裕，但是他仍旧坚持每年捐出不少资助清寒学子的奖学金、救济金，鼎力赞助社会慈善和公益事业。作为佛家的信仰者和修行者，他还会拿出一部分钱来供养一些出家人。这些费用全部来自于先生多年任教的积累以及著书讲学中得到的收入。但是南怀瑾先生一直认为自己的行为非常普通，没有什么特别之处，他一再强调自己做的是最为普通的平常事。

后来年事已高的南怀瑾先生还是致力于众生的教育和度化中，他不在乎风霜和辛苦，而一直以天下苍生为念，在现代这个社会中，又有几个人能够像南怀瑾先生一样全心全力致力于奉献自己的过程中？他的这种行为值得人们尊重，但是他的这种行为却总是被自己标榜为平常事。

可以说南怀瑾先生就是一个“脱俗的凡人”，就是一个我们极力称赞的圣人。他的所有行为都是从点点滴滴的平常事做起来的，但是他的心境却不是凡人所能够拥有的。

在我们的人生路上，我们都应该像南怀瑾先生一样去怀着圣人之心做平常事，并且始终让自己保持一颗平常心。我们不需要矫揉造作，而是需要更多的真善美，慢慢地我们也能够向“脱俗的凡人”接近，因为我们拥有一颗平常心，而我们在做着真正有意义的事情。

所以说，怀着一颗圣人的心去做平常事，我们就可以成为一个脱俗的凡人，这些都可以实现。所以我们现在不要再等了，而需要行动。

对自己保持清醒的认识

内保之而外不荡也。内在的心境要永远保持不受外界的影响。外面的境界不管如何，骂你也好，恭维你也好。“举世誉之而不加劝，举世非之而不加沮。”这是圣人境界、大丈夫气概。

——南怀瑾

很多人在生活中很容易受到外界环境的影响，如果这样下去就会离自己的本性越来越远。世界上只有两种人不会受外界环境的影响，一种是最有智慧的人，还有一种就是最愚蠢的人。最有智慧的人，他们有自己的看法和见解，他们内心深处有自己的主张，所以外界环境都不会影响到他们；最愚蠢的人，对于外界的反应很慢，而且一时间无法反应过来外界的变化，所以他们也不会受到外界环境的影响。

南怀瑾先生是一个古道热肠的人，但是有些人会在他的背后说他的坏话，说他是一个好坏不分的人，甚至有人还说他不洁身自爱等等。对于所有的指责和批评，南怀瑾先生一般都不会理会，更不会去辩驳，他还是按照自己的原则去做事。用他自己的话说就是：“要做事就不能怕被批评。因为只要做事就会遭人批评，做得不好有人骂，做得好也有人骂，怕人骂就不能做事。”

而同时南怀瑾先生很有名气，所以夸赞他，甚至恭维他的人也不在少数，但是他对此也不放在心上，更没有被他们吹捧得上天，他一直认为自己是一个平凡的人，而且是一个极度平凡的人。

对于人们的批评，能够做到不动摇；对于人们的夸赞，同样可以做到不动摇，永远保持着一份清醒以及自己的认识，永远保持着一种内心的平和，这就是南怀瑾先生，这就是一个人格独立、心境自由的人。

其实一个人的独立要依赖于心灵上的自由，如果一个人无法自由地控制自己的心灵，那么自己就很难在天地之间立足。梁启超在《论自由》一文中说，人有“真自由”，有“伪自由”。什么是真自由？心灵的自由才是真自由。身体能够自主，心灵却不得自由，只是“伪自由”。梁启超认为，“辱莫大于心奴”，如果有人来奴役你，这并不是可怕的事情，因为只要你敢于反抗，最终会挣脱这种奴役；但是如果自己主动接受奴役，这就是最可怕的了，就算是别人处于正义感或者慈悲之心会来解救你，但是最终你还是无法摆脱被奴役的境况。

所以，如果想要获得心灵上的真正自由，最终得到真正的独立，那么就需要让自己内心的心境永远不受外界的影响。

修炼自己的心境

> 和而不同，就是自己要有中心的思想，能够调和左右矛盾的意见，而自己的中心思想还是独立而不移。小人就不一样了，容易受别人的影响，别人纵然影响了他，然而人各有志，到了利害关头，意见冲突，相处就不会融洽，自然而然变成同而不和了。
>
> ——南怀瑾

首先，内在的心境要做到不受世俗的影响。

很多人喜好随大流，比如看到别人染了黄色的头发，也不管好看不好看，只要很多人染了，那么自己也就染了。比如看到别人穿了一身名牌，那么不管自己的经济条件是否允许，也给自己购买了一套名牌等等。如果无法把持自己，看着别人在做什么自己也就去做什么，那么又怎么说是有独立人格呢？难道别人在干坏事，我们也要干坏事吗？而如果一个人一旦习惯了这种生活态度，很有可能在别人做坏事的时候自己也跟着做坏事。

其次，内在的心境要做到不受任何境遇的影响。

人的一生中会遇到这样或那样的境遇，有顺境自然就有逆境，这些都是正常情况，这些都应该理智地去对待。如果一个人在顺境的时候扬扬得意，不懂得居安思危；或者一个人在逆境的时候灰心丧气，不知道锐意进取，那么就很有可能被环境所影响，自然会影响到自己的心灵自由。

第三，内在的心境要做到不受情欲的影响。

从古至今，历史上有很多英雄豪杰就是受情欲所累，无论是男还是女，在面对情欲的时候能够让自己的智商立马下降100分，能力值也立刻下降，最终会改变人生的方向。西方哲人说过：一个人的成功程度，在于他在多大程度上将情欲转移到了更有积极意义的事情上。按照这个观点来看，一个人的自由程度，同样受到情欲的困扰。

最后，内在的心境要能够不受毁誉的影响。

如果一个人不能够清醒面对毁誉，那么这些东西就会像一条无形的绳索一样，时刻牵绊着人们。所以当面对别人的夸奖或者侮辱的时候，我们要能够清醒地认识自己，能够摆脱其对我们心灵的影响。对于夸赞和侮辱，我们要能够清醒地认识，抵御其对我们的影响。

其实夜深人静的时候是最适合人们扪心自问的时候，同时也是最好的反省时间。这个时候的人们都处于一种最佳的工作状态，都能够准确捕捉到自己内心最为迷惑的地方，从而最终回归到本真。所以在这个时候我们不妨反省自己，然后看看自己是不是抵御住了各方面的影响，从而做到了心灵独立。

其实一个人的心境完全可以由自己来决定，而不是受到外界的影响。虽然我们每个人未必能够改变外界的事物，但是我们却能够改变我们自己对外界事物的看法，从而一直保持心灵上的自由和独立。

平平淡淡才是真

大多事业上已经成功了的人，或者说经历过人生极致绚烂的人会喜欢平淡。因为他们经历过绚烂，才知道平淡的可贵；因为经历过繁华，才知道朴素中的真情。

——南怀瑾

南怀瑾先生在工作中经常和一位出生于浙江温州的编辑练性乾先生接触，他们是同乡，又是师生，所以交情非常深厚。其曾为南怀瑾先生作了一本传记，等写好了之后，一时之间无法给书命名，对此他是费了一些脑筋，在写作的过程中也是几次更换，最初他定的是《一代宗师南怀瑾》，后来他又将书名改为了《一代奇人南怀瑾》，再后来又改成了《一代通人南怀瑾》。改了很多次，但是练性乾先生还是感觉不满意，因为他认为这些书名都无法概括南怀瑾先生的为人和学问；况且南怀瑾先生本人也特别不喜欢这些头衔，因为他一直在强调自己是一个特别平凡的人。为了能够尊重南怀瑾先生，最后练性乾先生决定用《凡人南怀瑾》做书名。一个人在他的一生中取得了无数的业绩和辉煌，拥有了极高的声誉和地位，但是他却能够以平常心对待这些事情，这样的平凡其实是真正的不平凡。

之前所讲到的南怀瑾先生的“由最绚烂而归于平淡，由极高明而归于平凡”，其实就是阐述了一个平平淡淡的生活态度。

平淡是一种生活的态度，是一种心灵的境界，平淡还可以是一种对事物的认识。

首先，平淡是一种对生活的态度。很多人的一生都是处于平淡的生活状态中的，比如一个农民在田地里的劳作、一个工人在车间中的工作、职员在办公室里的办公、老师在讲台上的授课等等，这些都属于常态，在这种常态下，他们可以按部就班地工作，虽然缺少变化，虽然波澜不惊，但是这种平淡才是最真实的，这种平淡反映了人们生活的真实面目。

其次，平淡是一种境界。如果能够安下神来去追求平淡的人，更多是因为他们曾经体验过繁华和绚烂，他们对生活有了重新的认识，他们能够做到从本质上入手改变自己的生活态度，他们追求的是更高层次的精神追求。

最后，平淡也是一种人们对生活的新认识。平淡其实就是我们的一种生活态度，虽然平淡可能带来的是一成不变的生活，虽然平淡意味着不断重复，而且这种重复很有可能最终导致平庸，但是如果我们能够反过来想想，又有几个人的生活惊天动地呢？我们只有清醒地认识到这一点，从而了解到生活的本质，才会直面平淡的生活。

平淡才是生活的本质，我们有足够的理由去相信，以及有足够的勇气投入到这种生活中，才不会浪费自己的生命。

跨越人生的三重境界

> 佛为心，道为骨，儒为表，大度看世界。技在手，能在身，思在脑，从容过生活。
>
> ——南怀瑾

一般情况下，一个人想要从绚烂最终归于平淡，需要经历三重境界。

人生第一重境界：看山是山，看水是水。

当一个人涉世未深的时候，他对这个世界充满了好奇和新鲜感，他对任何事情都用一种最单纯的目光来看待，所以任何事情在他的眼里都是最原始的面目，山就是山，水就是水，此时的人们对很多事情都很懵懂，但是坚持相信自己所看到的才是最真实的，他们对这些都有如虔诚一般的相信，最后的结果却是让自己到处碰壁，从此之后反而是对现实和世界充满了疑惑。

人生第二重境界：看山不是山，看水不是水。

在现代生活中有太多的诱惑，在一些面具之后包含了太多的潜规则，我们看到的事情并不一定就是最真实的，所有的东西都像是雾里看到的花儿一样，此时我们看到山或者水都开始怀疑，都不敢肯定，我们在此时就会迷失自己；但是有一部分人则可以更加清新地来认识这些，他们可以理性地去思考，此时他们回头看，就会发现自己看到的不再是单纯意义上的山或者单纯意义上的水了。

人生第三重境界：看山是山，看水是水。

这是一种对事实洞察之后的返璞归真，但并不是所有人都能够做到这一点，人生的阅历积累到一定程度之后，就需要人们不断反省，以及对自己的追求有一定的认识，要知道自己真正意义上在寻找什么，而自己最终要放弃的是什么，所以此时人们很确定自己看到的就是山和水，只不过已经是另一种境界了。

其实人生必然要经历的这个过程就是由少到多，再由多到少的过程，此过程也是一个人最终走向成熟的标志。而这个过程也是南怀瑾先生所讲到的“由绚烂而归于平淡”。如果一个人能够在绚烂之后再次回归到平淡之中，那么不但让自己达到了人生的最高境界，而且还会让自己的生活变得更加快乐。

其实平常心本就是一颗禅心，平常心同时也是悟道之本。一个拥有平常心的人才能够大彻大悟，一个拥有平常心的人才懂得快乐的真谛。如果每个人都可以做到不计较得失，不在乎功过，任何事情都能够拿得起而放得下，这其实就是修炼平常心的表现。

一个人的内心如果时刻怀着杂念，不能将所有的事情正常看待，心中有着太多的想法和怨气，那么就无法以平常心去对待其他人和事情。我们如果能够抵挡住虚荣心的侵蚀，能够正确看待一切事物，那么我们就拥有了一颗无法战胜的平常心。做一个洒脱的人，不要为外物所驱使，永远保持一颗平常心。